FORSCHUNGSBERICHTE
DES WIRTSCHAFTS- UND VERKEHRSMINISTERIUMS
NORDRHEIN-WESTFALEN

Herausgegeben von Staatssekretär Prof. Dr. h. c. Dr. E. h. Leo Brandt

Nr. 638

Prof. Dr.-Ing. Herwart Opitz
Dr.-Ing. Hermann Schuler
Dipl.-Ing. Paul-Heinz Brammertz
Verein Deutscher Ingenieure, Fachgruppe Betriebstechnik, Düsseldorf

Die Werkstückgüte beim Feindrehen und Feinschleifen
und ihr Einfluß auf die Fertigungskosten

Als Manuskript gedruckt

WESTDEUTSCHER VERLAG / KÖLN UND OPLADEN

1958

ISBN 978-3-663-03487-2   ISBN 978-3-663-04676-9 (eBook)
DOI 10.1007/978-3-663-04676-9

Forschungsberichte des Wirtschafts- und Verkehrsministeriums Nordrhein-Westfalen

G l i e d e r u n g

1. Einleitung. . . . . S. 5

2. Bearbeitung der zylindrischen Normprobe . . . . S. 5

   2 1 Feindrehen . . . . S. 5

      2 11 Oberflächengüte beim Feindrehen . . . . S. 6

      2 12 Einfluß der Zerspanbedingungen auf die Formabweichungen . . . . S. 7

          2.121 Zylindrizitätsabweichungen . . . . S. 7

          2.122 Kreisform- und Rundlauffehler . . . . S. 16

      2 13 Maßabweichung . . . . S. 25

      2 14 Werkstückgüte und Fertigungskosten beim Feindrehen . S. 28

   2.2 Feinschleifen . . . . S. 31

      2 21 Maßgenauigkeit beim Schleifen mit Meßsteuerung und beim Schleifen gegen Anschlag . . . . S. 31

      2 22 Kreisformfehler und Rundlauffehler beim Feinschleifen . . . . S. 36

      2 23 Fertigungskosten beim Feinschleifen . . . . S. 36

3. Vergleich der Verfahren Feindrehen und Feinschleifen . . . . S. 39

4. Zusammenfassung . . . . S. 43

   Literaturverzeichnis . . . . S. 45

Forschungsberichte des Wirtschafts- und Verkehrsministeriums Nordrhein-Westfalen

1. Einleitung

Im Forschungsbericht Nr. 405 des Wirtschafts- und Verkehrsministeriums Nordrhein-Westfalen [1] wurde untersucht, wie sich die Fertigungskosten bei den Bearbeitungsverfahren Feindrehen, Außenrund-Längsschleifen mit Meßsteuerung, Feinhonen und Glattwalzen mit den Anforderungen an die Werkstückgüte ändern. Für die angeführten Verfahren wurden die ermittelten Fertigungskosten in Schaubildern dargestellt, verglichen und diskutiert.

Der vorliegende Bericht befaßt sich in Ergänzung dazu weiterhin mit dem Feindrehen und dem Schleifen gegen Anschlag. Beim Feindrehen wurden insbesondere die Ursachen der auftretenden Form- und Maßabweichungen untersucht und der Anteil der Einzelfehler am Gesamtfehler ermittelt.

2. Bearbeitung der zylindrischen Normprobe

2 1 Feindrehen

In dem erwähnten Forschungsbericht Nr. 405 wurde eingehend untersucht, von welchem Einfluß die Zerspanbedingungen auf die Oberflächengüte beim Feindrehen sind.

Bei den Untersuchungen über den Zusammenhang zwischen den Schnittbedingungen und der Form- und Maßgenauigkeit wurden zunächst bei verschiedenen Vorschüben und Schnittgeschwindigkeiten jeweils nur fünf Werkstücke bearbeitet, an denen der Kreisformfehler sowie die Zylindrizitätsabweichung und Durchmesserstreuung ermittelt wurden. Hierbei zeigte sich, daß die Formabweichungen und vor allem die Durchmesserstreuung mit abnehmender Schnittgeschwindigkeit und größer werdendem Vorschub ansteigen [1, S.21, Abb.17]. Dieses Verhalten konnte wegen der geringen Anzahl von Versuchen noch nicht befriedigend erklärt werden. Gleichfalls blieben hierbei die Veränderungen der Formfehler mit zunehmendem Verschleiß des Drehwerkzeuges unberücksichtigt.

Um diese Fragen klären zu können, mußten die Versuche weiter ausgedehnt werden, wobei in der Hauptsache den auftretenden Form- und Maßabweichungen und ihrer Erfassung als Einzelfehler besondere Aufmerksamkeit gewidmet wurden.

2 11 Oberflächengüte beim Feindrehen

Die im ersten Forschungsbericht nachgewiesenen Zusammenhänge zwischen Rauhtiefe, Verschleiß und Schnittbedingungen gelten für den Trockenschnitt. In Ergänzung zu diesen Ergebnissen wurde nun der Einfluß einer Schneidflüssigkeit auf die Oberflächengüte des Werkstückes und das Verschleißverhalten des Drehmeißels näher untersucht. Bei diesen Versuchen wurde ein handelsübliches Schneidöl verwendet, wobei Schneidengeometrie und Hartmetallsorte wie bei den vorhergehenden Versuchen unverändert gewählt wurden. Abbildung 1 zeigt eine Gegenüberstellung der erzielten Rauhtiefen in Abhängigkeit von Schnittgeschwindigkeit und Vorschub beim Trockenschnitt und bei Verwendung eines Schneidöls.

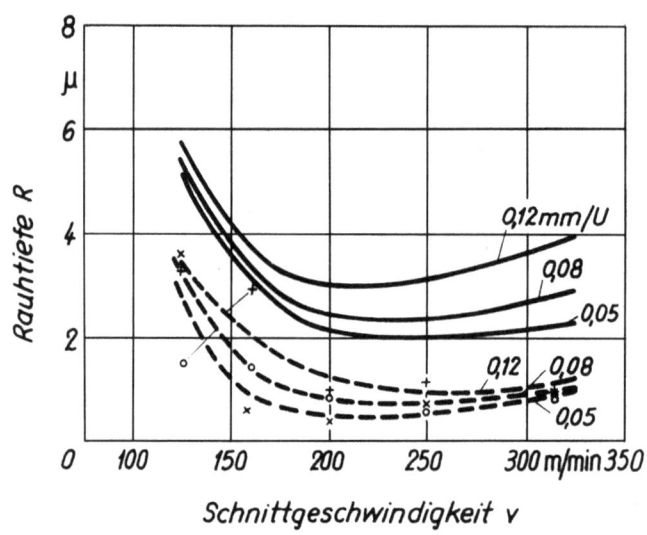

A b b i l d u n g   1

Rauhtiefe beim Trockenschnitt und bei Verwendung von Schneidöl

HM:F1; r = 1 mm

a = 0,2 mm

———— Trockenschnitt   — — — Schneidöl

In beiden Fällen ergibt sich etwa der gleiche Verlauf der Rauheitskurven mit einem flachen Minimum im Bereich von 200 bis 250 m/min Schnittgeschwindigkeit. Wie das Diagramm zeigt, bringt die Anwendung des Schneidöls eine beachtliche Rauhtiefenverbesserung. Sie beträgt im untersuchten Bereich im Mittel etwa 2 μ, das entspricht im günstigsten Fall einer Verminderung der Rauhtiefe auf 25 % des Wertes beim Trockenschnitt.

Ebenso wird der Freiflächenverschleiß durch die Anwendung des Schneidöls herabgesetzt. Gegenüber dem im ersten Bericht [1, S.19, Abb.15] gezeigten Standzeitschaubild wurde bei parallel verlaufenden Standzeitgeraden eine Standzeiterhöhung von etwa 56 % erzielt.

Das Schneidöl bringt also bezüglich Rauhtiefe und Verschleiß ganz beachtliche Verbesserungen. Dagegen war die Welligkeit bei diesen Versuchen stets wesentlich größer als beim Trockenschnitt. Auch ist zu berücksichtigen, daß in einigen Fällen Risse und Ausbrüche an den Schneidplättchen auftraten. Sie sind auf die geringe Zähigkeit des Hartmetalls F 1 zurückzuführen, die das Auftreten von Wärmespannungsrissen begünstigt. Wegen der geringen Zahl der Versuche mit Schneidöl läßt sich keine zahlenmäßige Angabe machen, wie häufig Anrisse und Brüche zu erwarten sind.

2 12 Einfluß der Zerspanbedingungen auf die Formabweichungen

Beim Feindrehen ist die Formgenauigkeit weitgehend von der Art und Einstellung der verwendeten Werkzeugmaschine abhängig. Es lassen sich aber auch hier Abhängigkeiten der Formfehler von den Zerspanbedingungen nachweisen. Alle im folgenden beschriebenen Versuche wurden auf einer mit Gleitlagerung ausgerüsteten Feindrehbank (Boley DW 4) mit 120 mm Spitzenhöhe durchgeführt. Es wurde stets ein gerader Schlichtmeißel mit einer Spitzenabrundung von 1 mm verwendet. Alle Angaben beziehen sich auf das Normwerkstück von 30 mm Durchmesser und 60 mm Länge aus dem Werkstoff C 45 [2].

2 121 Zylindrizitätsabweichungen

Die Zylindrizitätsabweichungen machen einen wesentlichen Anteil der Formabweichungen aus. Zu ihrer Messung wurden die Werkstücke auf dem Tisch eines Kegelmeßgerätes definiert aufgelegt und zunächst von Hand unter einem mechanischen Feintaster vorbeibewegt. Die Führungsfehler des Tisches waren kleiner als 1 μ. Um die zeitraubenden Messungen etwas zu vereinfachen, wurde an den Tisch ein Vorschubmotor angesetzt. Unter Verwendung eines elektrischen Feintasters, der an einem Schreiber angeschlossen war, konnte damit sofort die Mantellinie der Probe aufgeschrieben werden. Die verwendete Meßanordnung ist in Abbildung 2 dargestellt.

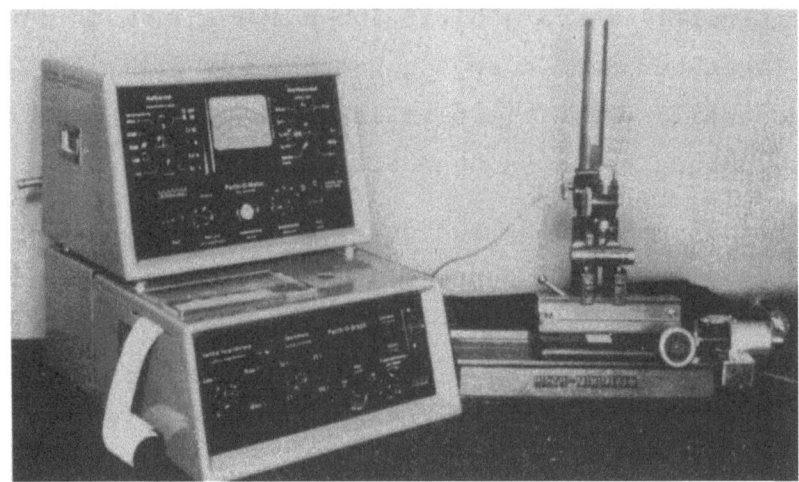

Abbildung 2

Meßanordnung zur Ermittlung der Zylindrizitätsabweichung

Die Zylindrizitätsabweichungen bei einer Werkstückserie entstehen durch Zusammenwirken einer Vielzahl von Einflußgrößen. Setzt man eine einwandfrei ausgerichtete Maschine voraus, so sind in erster Linie folgende Ursachen für eine Abweichung von der zylindrischen Form maßgebend:

1. Erwärmung von Werkstück und Werkzeug über dem Schnittweg,
2. elastische Verformungen von Spindel, Werkstück und Reitstock,
3. Schneidkantenversatz am Drehmeißel.

Um den Einfluß der Wärmedehnungen zu erfassen, wurde die Werkstücktemperatur über der Werkstücklänge bei verschiedenen Schnittbedingungen gemessen. Die Versuchsanordnung hierfür zeigt Abbildung 3. Gegenüber der Schnittstelle liegt auf einer kleinen isoliert eingespannten Schleiffeder aus Kupfer ein NTC-Widerstand (Widerstand mit negativem Temperatur-Koeffizienten). Die mit dieser Anordnung gemessene Werkstücktemperatur wurde über der Werkstücklänge aufgeschrieben. Die zusätzliche Erwärmung durch die Reibung der Schleiffeder auf dem Werkstück war vernachlässigbar gering, wie durch einen Kontrollversuch nachgewiesen wurde. Über der Werkstücklänge ergab sich für alle untersuchten Bedingungen ein Verlauf, wie in Abbildung 5 dargestellt. Die Temperatur wächst zunächst rasch, bleibt im mittleren Bereich nahezu konstant und steigt gegen Werkstückende noch einmal an, weil hier die Wärmeabfuhr gestört ist. Um von dieser Oberflächentemperatur unmittelbar vor der Schnittstelle auf die Wärmedehnungen und damit die Durchmesserunterschiede

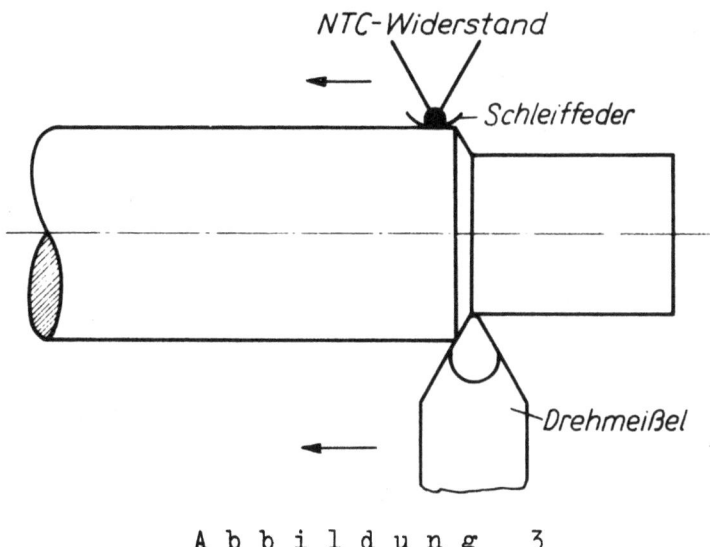

Abbildung 3

Anordnung zum Messen der Werkstücktemperatur

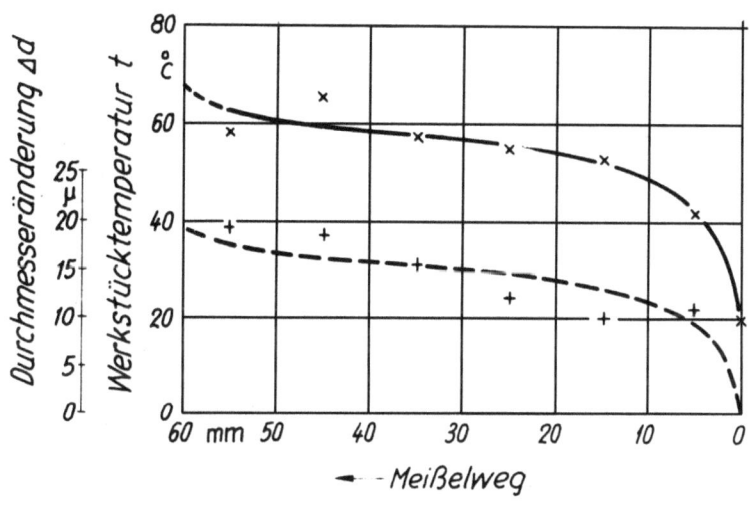

Abbildung 4

Gemessener und errechneter Durchmesserverlauf
(v = 200 m/min; s = 0,05 mm/U)

nach dem Erkalten schließen zu können, muß der Temperaturverlauf über den Querschnitt bekannt sein. Aber auch dann wäre trotz vereinfachender Annahmen eine rechnerische Behandlung recht verwickelt. Deshalb wurde der experimentelle Weg eingeschlagen, um den Zusammenhang zwischen Oberflächentemperatur und Wärmedehnung zu ermitteln. Eine Reihe von Werkstücken wurde in zunehmendem Abstand vom Probenende mit einem schmalen Einstich versehen. Diese Proben wurden dann unter gleichzeitiger

Messung der Werkstücktemperatur bis zum Einstich abgedreht. Nach Erreichen der Ausgangstemperatur, was sich durch eine Messung des Werkstückdurchmessers sehr genau nachprüfen läßt, wurde bis zum Probenende gedreht. Der dann am Werkstück auftretende Durchmessersprung entspricht der durch die Werkstückerwärmung hervorgerufenen Durchmesseränderung.

In Abbildung 4 ist die bei einem derartigen Versuch gemessene Werkstücktemperatur über dem Meißelweg aufgetragen. Nimmt man nun an, daß über dem gesamten Querschnitt die an der Oberfläche gemessene Temperatur herrscht, so ergibt sich infolge der Wärmedehnung eine rechnerische Durchmesseränderung, wie sie die gestrichelte Kurve zeigt. Die um diese Kurve liegenden Punkte entsprechen den nach dem eben beschriebenen Verfahren gemessenen Durchmesseränderungen. Es zeigt sich also eine recht gute Übereinstimmung.

Danach kann man aus dem gemessenen Temperaturverlauf über der Werkstücklänge also nicht nur auf die Form des Werkstückes nach dem Drehen, sondern auch auf die Größe der Durchmesserunterschiede schließen. Das gilt aber nur für das vorliegende Werkstück bei den untersuchten Bedingungen. Bei anderen Bedingungen ist es nicht ohne Überprüfung zulässig, die an der Oberfläche gemessene Temperatur bei der Berechnung der Wärmedehnung einzusetzen. Qualitativ dürften die hier gefundenen Ergebnisse jedoch allgemein gelten. Der Umweg über die Messung der Werkstücktemperatur wurde deshalb gewählt, weil es nur so möglich ist, diesen Einfluß auf die Werkstückform getrennt zu erfassen.

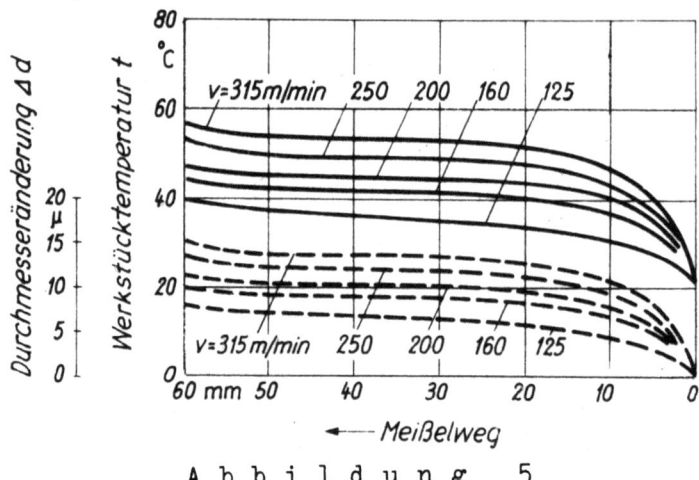

Abbildung 5

Oberflächentemperatur und Wärmedehnung bei verschiedenen Schnittgeschwindigkeiten (s = 0,05 mm/U)

——— gemessene Werkstücktemperatur ——— errechnete Durchmesseränderung

Abbildung 5 zeigt den Verlauf der Werkstücktemperatur bei verschiedenen Schnittgeschwindigkeiten. Mit zunehmender Schnittgeschwindigkeit steigt auch die Werkstücktemperatur an. Es wurden in diesem Falle Temperaturen bis zu 60° gemessen; Versuche bei größeren Vorschüben zeigten, daß dort die Temperaturen geringer sind. Beispielsweise vermindert sich die Temperatur bei Erhöhung des Vorschubes von 0,05 auf 0,12 mm/U im Mittel um etwa 40 %.

Wie Abbildung 4 zeigte, kann man bei den vorliegenden Bedingungen aus der Oberflächentemperatur die Wärmedehnungen errechnen. Sie sind in Abbildung 5 mit angegeben. Die dadurch hervorgerufenen Durchmesseränderungen sind sehr beträchtlich, sie liegen hier in der Größenordnung von 8 ... 15 μ.

Bei diesen Versuchen war die Temperaturzunahme des Drehmeißels sehr gering. Eine Temperatur von 40°C wurde in keinem Falle in einem größeren Abstand als 3 mm von der Schneide gemessen. Da die Auskraglänge bewußt gering gehalten wurde - die freie Dehnlänge betrug maximal 20 mm - ist im ungünstigsten Falle eine Verlagerung der Meißelspitze von etwa 1 μ durch die Wärmedehnung zu erwarten. Dieser Einfluß kann bei diesen Betrachtungen vernachlässigt werden. Bei gröberen Schnitten dagegen scheinen die Wärmedehnungen des Meißels ganz beachtlich zu sein, wie Untersuchungen von SOKOLOWSKI [3] zeigen.

Die elastische Verformung des Systems-Werkstock-Reitstock bewirkt ebenfalls einen Fehler in Längsrichtung des Werkstückes. Den größten Anteil hat beim Drehen meist die Verlagerung der Spindel- und Reitstockspitze unter Wirkung der Rückkraft.

Den Verlauf von Rückkraft und Hauptschnittkraft über dem Vorschub zeigt Abbildung 6 für den Werkstoff Ck 45. Die Kräfte wurden mit einem Schnittkarftmesser System "Merchant" ermittelt. Da die Meßunsicherheit bei den geringen Kräften verhältnismäßig hoch war, wurden zur Kontrolle die Schnittkräfte auch aus der Verlagerung der Reitstockspitze ermittelt. Es zeigte sich eine gute Übereinstimmung beider Messungen. Ein Einfluß der Schnittgeschwindigkeit auf die Schnittkräfte konnte im untersuchten Bereich nicht festgestellt werden. Die Größe des durch die Rückkraft verursachten Formfehlers ist von der Starrheit der Werkstückaufnahme an Spindel- und Reitstockseite abhängig. Bei der benutzten Feindrehbank wurde eine Federzahl von 2,5 kg/μ an der Reitstockseite

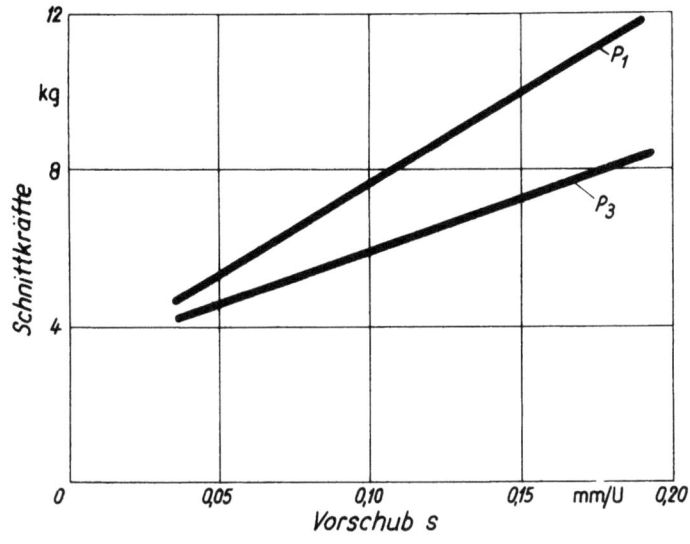

Abbildung 6

Schnittkräfte und Vorschub beim Feindrehen

und von 2,0 kg/μ an der Spindelstockseite ermittelt. Hierbei wurde auf der Spindelstockseite bei laufender Spindel gemessen, da bei einer Gleitlagerung im Stillstand größere Verlagerungen auftreten als bei laufender Spindel. Das erklärt sich daraus, daß die ruhende Spindel die tiefstmögliche Stellung einnimmt. Bei Belastung in waagerechter Richtung wird sie angehoben und erfährt dadurch eine zusätzliche Verlagerung in Richtung der Belastung. Abbildung 7 zeigt die mit diesen Federzahlen ermittelten theoretischen Mantellinien für zwei Vorschübe. Die Fehler nehmen mit steigendem Vorschub, d.h. mit größer werdender Rückkraft zu. Für das Werkstück ergibt sich die im Bild gezeigte Doppelglockenform, die symmetrisch zur Werkstückmitte wird, wenn beide Federzahlen gleich sind. Dieser Form überlagert sich noch eine Abweichung, die von der Durchbiegung des Werkstückes herrührt. Für sich allein würde dieser Einfluß zu einem tonnenförmigen Werkstück führen. Für das zylindrische Normwerkstück errechnet sich, bezogen auf die Bearbeitungslänge von 60 mm, eine maximale Durchbiegung von 0,12 μ. Dieser Einfluß ist also bei den zugrunde gelegten Werkstückabmessungen zu vernachlässigen.

Als dritte Größe, die sich auf die Zylindrizität auswirkt, wurde der Schneidkantenversatz am Drehmeißel genannt. Die Durchmesseränderung, die sich durch den Schneidkantenversatz ergibt, ist in Abbildung 17 dargestellt. Die Durchmesserunterschiede an einem Werkstück ergeben

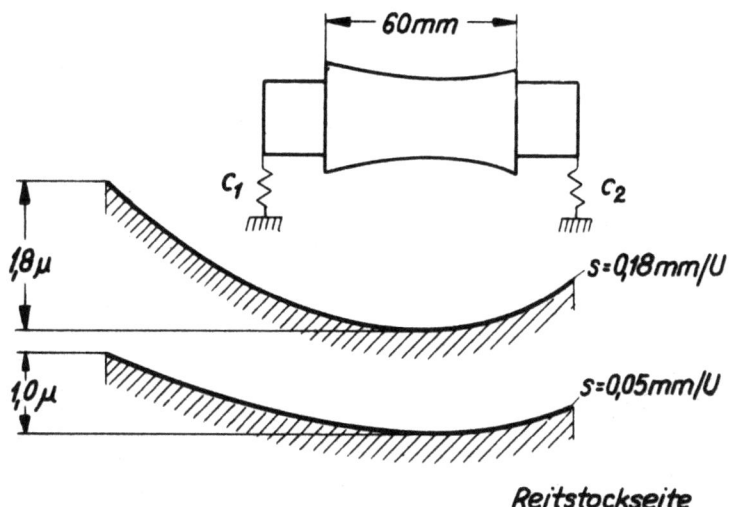

Abbildung 7

Zylindrizitätsfehler durch elastische Verformung

sich praktisch durch graphische Differentiation dieser Kurve. In Abbildung 8 ist der so ermittelte Zylindrizitätsfehler durch den Meißelverschleiß über der Zahl der Werkstücke bis zum Standzeitende aufgetragen. Er ist bei den ersten Werkstücken entsprechend dem hohen Anfangsverschleiß am größten.

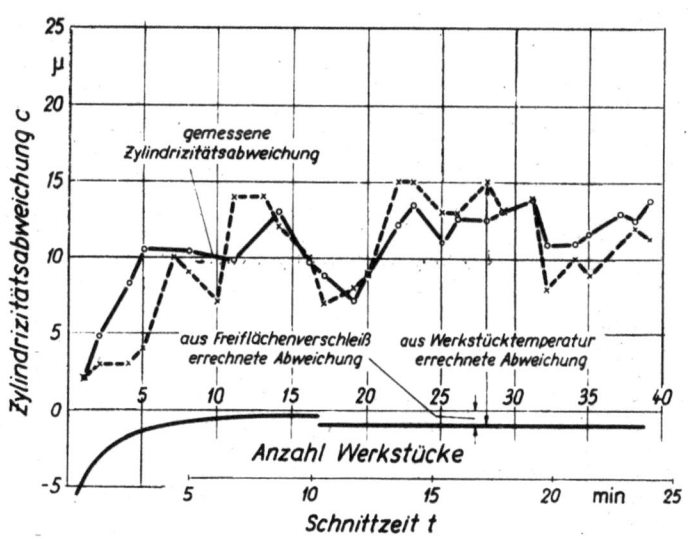

Abbildung 8

Zylindrizitätsabweichungen über der Schnittzeit

Dazu addiert ist der Zylindrizitätsfehler, der sich durch die zunehmende Erwärmung des Werkstückes über der Werkstücklänge ergibt. Zur Vereinfachung ist dabei angenommen, daß beide Einflüsse zu kegelförmigen Werkstücken führen. Zum Vergleich ist auch die an den Werkstücken gemessene Zylindrizitätsabweichung aufgetragen.

Es zeigt sich trotz der vereinfachenden Annahmen eine recht gute Übereinstimmung zwischen der gemessenen und der errechneten Abweichung.

Wie man erkennt, erklären sich die starken Schwankungen der gemessenen Zylindrizitätsabweichungen durch Streuungen der Werkstücktemperaturen, die bei diesem Versuch besonders hoch waren.

In dieser Darstellung fehlt der Fehler durch die elastische Verformung (Abb. 7), der über der Schnittzeit infolge des Anwachsens der Schnittkraft etwas ansteigt. Er ist aber nur gering und geht auch nicht voll ein, wie aus Abbildung 9 hervorgeht. Hier sind aus einer Versuchsreihe das 1. und 25. Werkstück herausgegriffen. An ihnen wird gezeigt, wie sich aus den betrachteten Fehlergrößen die theoretische Werkstückform zusammensetzt. Beim ersten Werkstück ist der Verschleißverlauf über der Werkstücklänge parabelförmig angenommen. Dazu addiert sind die Durchmesseränderungen durch Erwärmung und elastische Verformung. Man sieht, daß, abgesehen von den ersten Werkstücken, wo der hohe Anfangsverschleiß eine Rolle spielt, der Zylindrizitätsfehler hauptsächlich durch die Wärmedehnung des Werkstückes bestimmt wird. Deshalb hat die Zufuhr einer Schneidflüssigkeit nicht nur Bedeutung für die Kühlung und Schmierung am Schneidkeil, d.h. für die Oberflächengüte und Standzeit; sie ist auch wichtig für die Kühlung des Werkstückes.

Um dies zu überprüfen, wurden einige Feindrehversuche mit einer Schneidemulsion durchgeführt. Hierbei verminderte sich die durch die Werkstückerwärmung hervorgerufene Abweichung von der Zylinderform, die in Abbildung 8 maximal 14 μ betrug, auf etwa 3 μ. Für die Herstellung formgenauer Werkstücke durch Feindrehen ist also die Verwendung einer Schneidemulsion unbedingt zu empfehlen. Doch sei auch hier auf die große Empfindlichkeit des Hartmetalls F 1 gegenüber Wärmespannungsrissen hingewiesen.

Wie aus Abbildung 8 zu ersehen ist, wächst bei einer Schnittgeschwindigkeit von v = 200 m/min und einem Vorschub s = 0,05 mm/U der Zylindrizi-

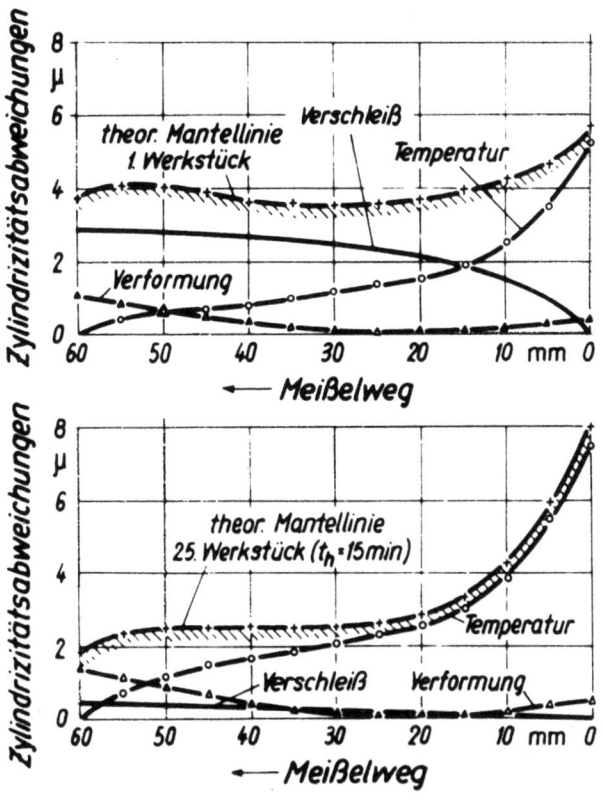

Abbildung 9

Einflüsse auf die Form der Mantellinie beim Feindrehen
(v = 200 m/min; s = 0,05 mm/U)

tätsfehler vom ersten bis zum letzten Werkstück der Standzeit um 13 μ. Die Versuchsreihen wurden bis zum Erreichen einer Verschleißmarkenbreite von 0,2 mm durchgeführt, da diese Größe als Standzeitende festgelegt wurde. Die Zunahme des Zylindrizitätsfehlers über der Standzeit ist deshalb bevorzugt zu betrachten, weil sie gleich der maximalen Zylindrizitätsabweichung ist, wenn man die Feindrehbank so ausrichtet, daß das erste Werkstück möglichst zylindrisch wird. Noch günstiger ist es, die Maschine so auszurichten, daß das Werkstück im mittleren Bereich der Standzeit zylindrisch ausfällt. Auf diese Weise läßt sich günstigenfalls als Zylindrizitätsfehler der halbe Wert der Zunahme des Zylindrizitätsfehlers über der Standzeit erreichen. Wie sich diese Größe mit den Schnittbedingungen ändert, ist aus Abbildung 10 zu ersehen. Sie wird bei dem kleinen Vorschub mit zunehmender Schnittgeschwindigkeit größer. Dies erklärt sich durch den Anstieg der Werkstücktemperatur mit der Schnittgeschwindigkeit (Abb. 5). Bei dem Vorschub 0,12 mm/U hat die Schnittgeschwindigkeit praktisch keinen Einfluß mehr.

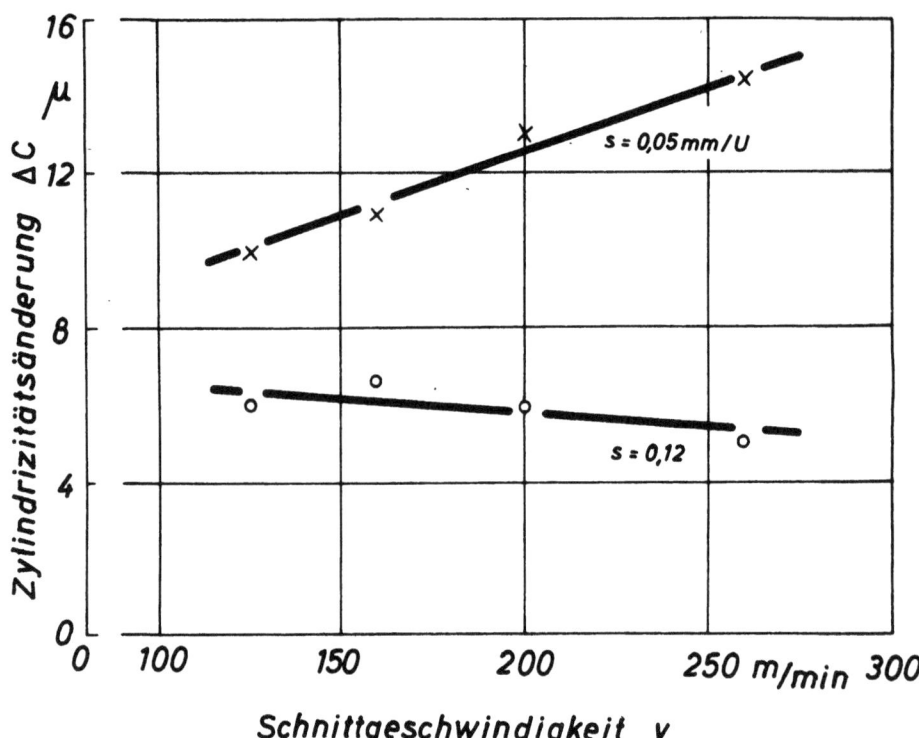

Abbildung 10

Zylindrizitätsabweichung in Abhängigkeit von
Schnittgeschwindigkeit und Vorschub

2 122 Kreisform und Rundlauffehler

Die Ausmessung der Kreisform und des Rundlauffehlers gestaltete sich schwierig, da die zu messenden Abweichungen sehr gering waren. Alle Versuche, die Werkstücke zwischen Spitzen oder im Prisma auszumessen, schlugen wegen zu hoher Meßunsicherheit fehl. Deshalb erfolgte die Ausmessung auf dem Rundheitsmeßgerät "Talyrond"[1].

Ursachen für Abweichungen von der Kreisform beim Feindrehen sind ungenaue Zentrierungen und Körnerspitzen, die sich besonders auf der Reitstockseite auswirken, und Führungsfehler der Spindellagerung, die sich am stärksten auf der Spindelstockseite bemerkbar machen. Eine Ursache für den Rundlauffehler ist der Schlag der Körnerspitze auf der Spindelstockseite. Er erzeugt auf dieser Werkstückseite einen Rundlauffehler in gleicher Größe, der nach der Reitstockseite linear abnimmt.

---

1. Die Messungen wurden freundlicherweise von der Fa. G.& J. Jaeger, Wuppertal, durchgeführt

Bei den Versuchen hat sich gezeigt, daß mit einem normalen zweischneidigen Zentrierbohrer hergestellte Zentrierungen beim Feindrehen und insbesondere beim Feinschleifen meist nicht ausreichen. Auf der Reitstockseite bilden sich Formfehler der Zentrierung formgetreu auf dem Werkstück ab, wie durch Messungen mit dem "Talyrond" nachgewiesen wurde [4].

In dem nachfolgend beschriebenen Beispiel wurde ein Werkstück zwischen Spitzen feingedreht. Dabei lief die Körnerspitze spindelstockseitig um, während die Körnerspitze reitstockseitig festgeklemmt war.

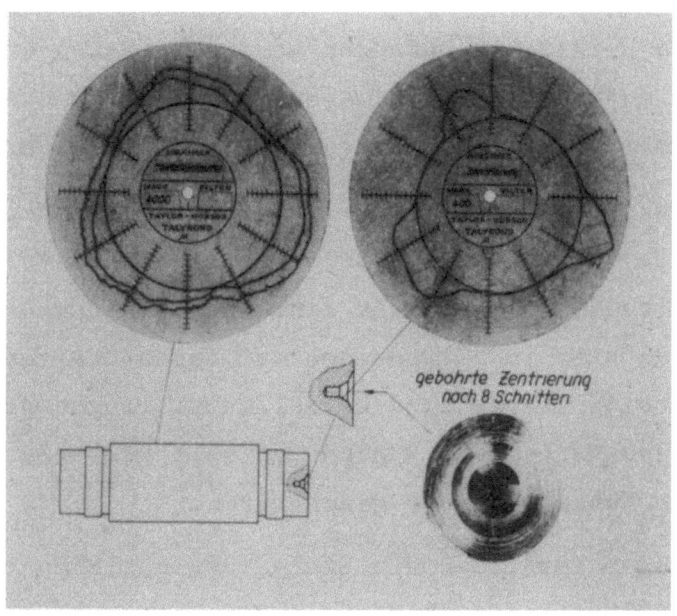

A b b i l d u n g   11

Einfluß der Zentrierungen auf die Kreisform beim Feindrehen

In Abbildung 11 sind zwei mit dem Rundheitsmeßgerät "Talyrond" aufgeschriebene Polardiagramme wiedergegeben. Bei diesen Schrieben muß beachtet werden, daß sie mit einer sehr hohen Vergrößerung bei einem relativ kleinen Bezugskreis aufgezeichnet wurden, wodurch das Profil stark verzerrt wiedergegeben ist. Das rechte Polardiagramm zeigt die Formgestalt einer Ebene in der Zentrierung des Normwerkstückes; hier beträgt der ermittelte Kreisformfehler etwa 30 μ. In der photographischen Aufnahme darunter ist diese Zentrierung gezeigt, in der deutlich die drei Tragflächen zu erkennen sind. Bei der Betrachtung des linken Polardiagramms ist zu beachten, daß dieser Schrieb mit einer 4000-fachen Vergrößerung aufgezeichnet wurde, während in dem rechten Diagramm nur eine

400-fache Vergrößerung vorliegt. Das linke Diagramm zeigt, daß sich der Fehler der Zentrierung auf die Werkstückkreisform übertragen hat. Die Größe des Fehlers beträgt hier aber nur noch 1/10 des Fehlers der Zentrierung. Letztlich ist noch zu bemerken, daß dieses Werkstück vor der Ermittlung dieser Formfehler bereits achtmal durch Feindrehen bearbeitet worden ist. Bei einem einmalig bearbeiteten Werkstück sind die Tragflächen in der Zentrierung mit bloßem Auge nicht zu erkennen, obwohl der Fehler vorhanden ist und sich bereits auf das Werkstück übertragen hat. Im vorliegenden Fall handelte es sich, wie aus Abbildung 11 zu ersehen ist, um die Form eines Gleichdicks. Es sind bei diesen Untersuchungen in gleicher Weise Werkstücke gefunden worden, deren Querschnitt eine elliptische Form aufwies. Hierbei waren in den Zentrierungen nur zwei Tragflächen ausgebildet, die genau gegenüber gelegen waren.

Da beim Feindrehen spindelstockseitig die Körnerspitze umläuft, geht der Kreisformfehler der an dieser Seite gelegenen Zentrierung kaum in den Kreisformfehler des Werkstückes ein. Anders dagegen verhält es sich beim Schleifen; da hier im allgemeinen auf beiden Seiten mit feststehenden Spitzen gearbeitet wird, sind beide Zentrierungen gleich wichtig. Um diese Fehler auszuschalten, wurden für alle weiteren Versuche die Zentrierungen der Normwerkstücke geschliffen.

Es wird häufig angenommen, daß die Einleitung des Momentes zur Überwindung des Schnittwiderstandes über einen Mitnehmerbolzen, wie es üblicherweise geschieht, einen entsprechend hohen Kreisform- und Rundlauffehler zur Folge hat. Deshalb wurde auch die Verwendung eines querkraftfreien Mitnehmers vorgeschlagen [5].

Im folgenden soll diese Frage näher untersucht werden. Der Einfachheit halber wird angenommen, daß Schnittkraft und Mitnehmerkraft in einer Ebene durch die Körnerspitze auf der Spindelstockseite wirken. In Abbildung 12 ist dargestellt, welche Kräfte auf die Spindel wirken. Die Schnittkraft P ruft eine konstante Verlagerung der Körnerspitze von $f = \dfrac{P}{c_{sp}}$ hervor. Die Annahme, daß die Verlagerung proportional der Kraft ist, trifft in dem in Frage kommenden Kraftbereich zu.

Das umlaufende Kräftepaar $P_m \cdot r$ bewirkt ebenfalls eine Verlagerung der Körnerspitze. Durch dieses Kräftepaar wird kein Biegemoment in die Spindel eingeleitet, es ruft lediglich eine geringe Verformung an der

Körnerspitze selbst und in ihrer Aufnahme hervor. Die entsprechende Verlagerung der Körnerspitze beträgt $f_m = \frac{P_m}{c_m} \frac{m}{c_m}$.

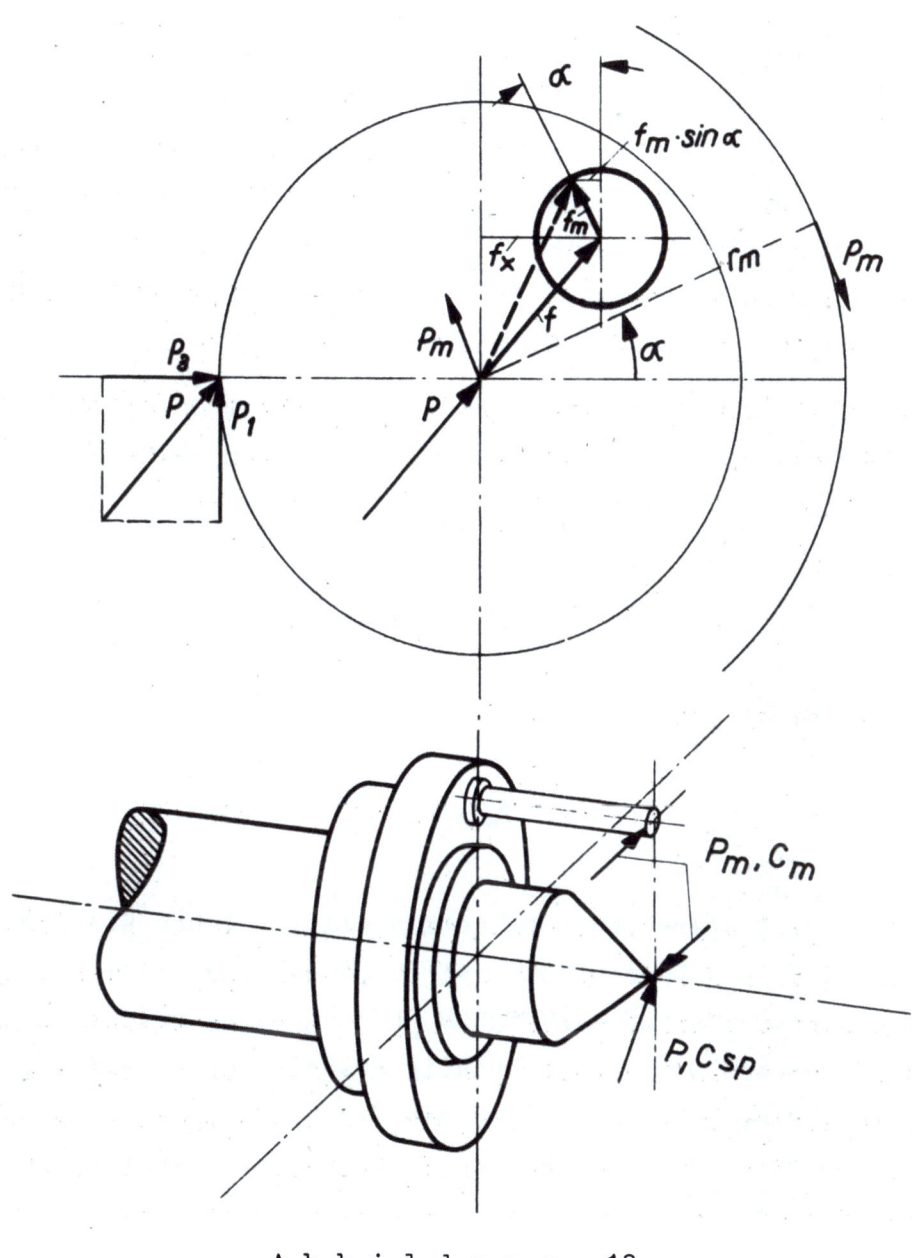

Abbildung 12

Kräfte und Verlagerungen an der Körnerspitze auf der Spindelstockseite

Bei einer mittelgroßen Rundschleifmaschine wurde ein Verhältnis $\frac{c_m}{c_{sp}} = 20$ ermittelt. Bei der verwendeten Feindrehbank dürfte etwa das Verhältnis 10 : 1 vorliegen. Der Unterschied zwischen beiden Federzahlen, der in einer früheren Untersuchung [5] nicht beachtet wurde, ist sehr beträchtlich und keineswegs vernachlässigbar. Es tritt also eine konstante Verlagerung f der Körnerspitze und eine der Größe nach konstante, mit der Werkstückdrehzahl umlaufende Verlagerung f_m auf. Die Körnerspitze beschreibt die in Abbildung 12 dick eingezeichnete Kreisbahn. Die Verformungen sind in diesem Bild der Deutlichkeit halber stark vergrößert dargestellt.

Um die Auwrikung auf Kreisform und Rundlauf zu überprüfen, braucht nur die waagerechte Komponente der Verlagerung betrachtet zu werden. Der Einfluß der senkrechten Komponente ist vernachlässigbar klein. Die Komponente f_x bewirkt als Maßfehler in der Ebene der Körnerspitze eine Durchmesservergrößerung um den Betrag $2 f_x = 2\frac{P_3}{c_{sp}}$.

Die Verlagerung f_m bewirkt einen periodisch mit der Drehzahl sich ändernden Abstand zwischen Drehmeißelspitze und Körnerspitze. Der sich ergebende Werkstückradius ist:

$$\varrho_1 = r' + f_x - f_m \sin \alpha$$

Zur Vereinfachung wird gesetzt: $r' + f_x = r$, d.h.

$$\varrho_1 = r - f_m \sin \alpha$$

In Abbildung 13 ist stark überhöht dargestellt, welcher Querschnittform dies entspricht. Diese Darstellung ist für den Verlauf der waagerechten Kraftkomponente bereits von KIEKEBUSCH [6] angegeben worden. Man hat aus dieser verzerrten Darstellung häufig geschlossen, daß die veränderliche Querkraft einen entsprechend hohen Kreisformfehler verursacht. Um dies zu überprüfen, wird der Nullpunkt des Polarkoordinaten-Systems um den Betrag f_m verschoben. Dann gilt mit dem Cosinussatz:

$$\varrho^2 = f_m^2 + \varrho_1^2 - 2 f_m \cdot \varrho_1 \cdot \cos(90° - \alpha).$$

Setzt man den Wert für ϱ_1 ein, dann ergibt sich:

$$\varrho^2 = r^2 + f_m^2 (1 - \sin^2 \alpha)$$

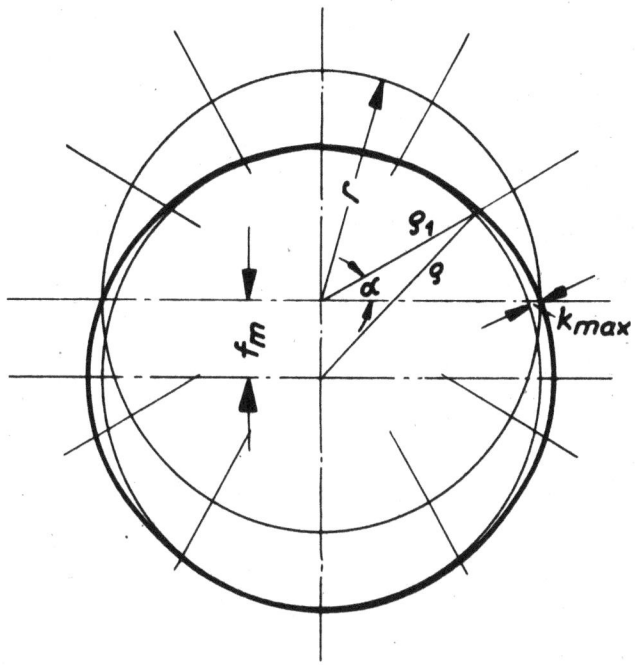

A b b i l d u n g   13

Querschnittsform beim Drehen mit Querkraft

Da immer $r \gg f_m$ ist, kann man mit guter Annäherung schreiben:

$$\rho = r + \frac{f_m^2}{2 \cdot r} (1 - \sin^2 \alpha)$$

Die Abweichung von der Kreisform durch den Einfluß der veränderlichen Querkraft ist also höchstens:

$$k = \frac{f_m^2}{2 \cdot r} (1 - \sin^2 \alpha) \quad \text{und} \quad k_{max} = \frac{f_m^2}{2 \cdot r}$$

Der Rundlauffehler ergibt sich zu:

$$r_{max} - r_{min} = 2 f_m$$

Er ist wesentlich größer als der Kreisformfehler, wie auch Abbildung 13 zeigt. Ein einfaches Mittel, ihn zu verringern, ist die Vergrößerung des Mitnehmerradius.

Die Größenordnung der auftretenden Fehler geht aus folgendem Beispiel hervor:

Beim Feindrehen mit $a \cdot s = 0,2 \cdot 0,12$ mm^2 war $P_1 = 8,4$ kg und $P_m = P_1 \frac{r}{r_m} = 4,2$ kg. Dem entspricht ein f_m von 0,2 μ. Die maximale Abweichung von der Kreisform errechnet sich aus obiger Formel bei einem Werkstückdurchmesser von 30 mm zu $k_{max} = 6,7 \cdot 10^{-7}$ μ.

Diese Rechnung zeigt, daß die Abweichung von der Kreisform auf jeden Fall vernachlässigbar ist. Der durch die umlaufende Querkraft hervorgerufene Rundlauffehler, der bei den vorliegenden Bedingungen 0,4 μ beträgt, ist ebenfalls sehr gering. Der Rundlauffehler, der sich durch eine außermittige Lage der Körnerspitze auf der Spindelstockseite ergibt, ist meist wesentlich größer. Dieser Fehler läßt sich auch durch sorgfältiges Schleifen der Spitzen auf der Maschine selbst nicht unter 1...2 μ bringen. Diese Betrachtungen gelten für den Fall, daß Schnittkraft, Mitnehmerkraft und Körnerspitze in einer Ebene senkrecht zur Drechachse liegen. Mit zunehmendem Abstand der Schneidspitze von dieser Ebene gehen Rundlauf- und Kreisformfehler linear zurück.

Damit ist bewiesen, daß beim Feindrehen die übliche Einleitung des Drehmomentes durch einen Mitnehmerbolzen ausreicht und die Verwendung eines querkraftfreien Mitnehmers überflüssig ist.

Wie bei dem Zylindrizitätsfehler wurde auch hier untersucht, ob sich der Kreisformfehler mit der Schnittgeschwindigkeit ändert. Bei verschiedenen Schnittgeschwindigkeiten und Vorschüben wurden jeweils bei fünf Werkstücken die maximalen Abweichungen von der Kreisform in Werkstückmitte ermittelt. In Abbildung 14 ist hiervon der Mittelwert angegeben. Wie das Diagramm zeigt, nimmt der Kreisformfehler mit zunehmender Schnittgeschwindigkeit und kleiner werdendem Vorschub ab. Ein Vergleich mit der in Abbildung 10 dargestellten Zylindrizitätsabweichung läßt erkennen, daß die Abweichung von der Kreisform gegenüber den anderen Formabweichungen beim Feindrehen außerordentlich niedrig liegt. Der Verlauf des Kreisformfehlers erklärt sich zum Teil durch die Veränderung der Umfangswelligkeit mit der Schnittgeschwindigkeit. Dies geht aus Abbildung 15 hervor, in dem der Verlauf der Umfangswelligkeit für drei Vorschübe über der Schnittgeschwindigkeit dargestellt ist. Die drei Vorschübe liegen innerhalb eines Streubandes. Es zeigt sich die gleiche Abhängigkeit von der Schnittgeschwindigkeit, wie sie beispielsweise auch für die

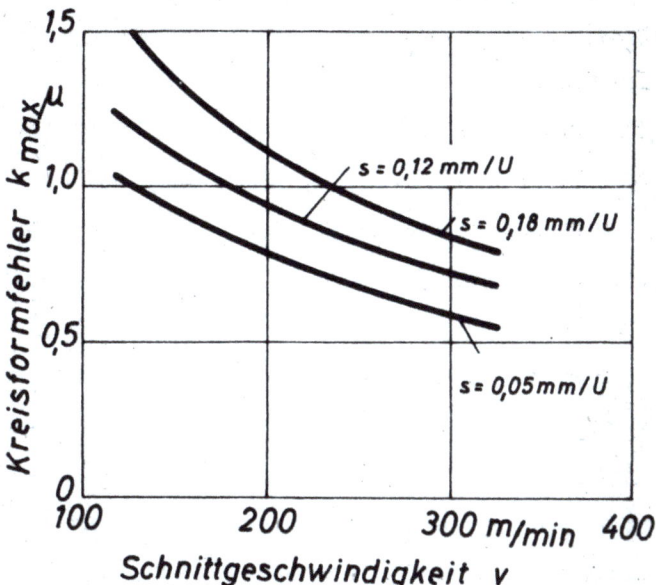

Abbildung 14

Kreisformfehler in Abhängigkeit von Schnittgeschwindigkeit und Vorschub

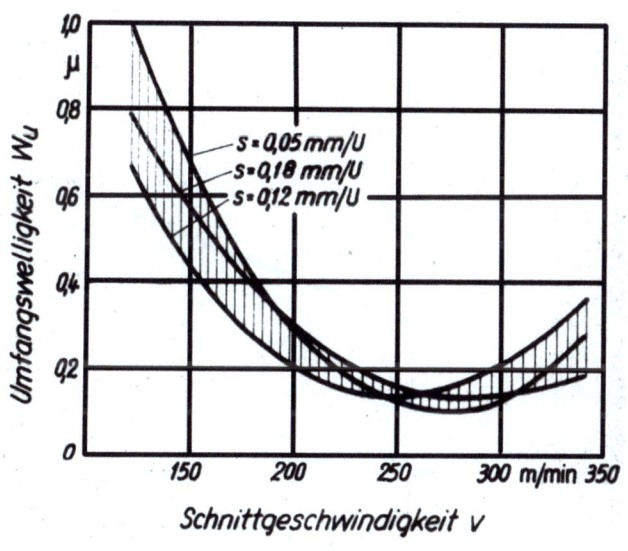

Abbildung 15

Umfangswelligkeit beim Feindrehen

Querrauhtiefe oder die Welligkeit in Längsrichtung des Werkstückes gefunden wird. Mit zunehmender Schnittgeschwindigkeit wird die Schnittgüte besser, wobei oberhalb von etwa 250 m/min wieder eine geringe Verschlechterung eintritt.

Hier sei noch darauf eingegangen, wie sich Formfehler aus der Vorbearbeitung auf die Endform auswirken. Es wird vielfach die Meinung vertreten, daß Werkstücke zum Feindrehen besonders formgenau vorbearbeitet sein müssen. Man gibt hierfür die 6...7.ISA-Qualität an [7]. Dies trifft nur dann zu, wenn Werkstück oder Werkzeug nicht genügend starr ausgebildet werden können. Im anderen Falle haben die Ausgangsfehler nur geringen Einfluß auf die Endform, wie aus Abbildung 16 hervorgeht. Hier wurden zylindrische Normwerkstücke auf einer Polygonschleifmaschine, wie im Bild schematisch dargestellt, mit einem definierten Kreisformfehler versehen. Nach dem Feindrehen kann man die Ausgangsform noch erkennen, doch ist der hierdurch verursachte Fehler so gering. Auch bei sehr großen Ausgangsfehlern nimmt der Kreisformfehler nur geringfügig zu. Ähnliches wurde in bezug auf die Zylindrizitätsabweichungen festgestellt. Bei Vergrößerung des Ausgangsfehlers von 20 auf 200 μ verändert sich der Endfehler hier von 6 auf 16 μ. In beiden Fällen betrug die Spantiefe 0,2 mm.

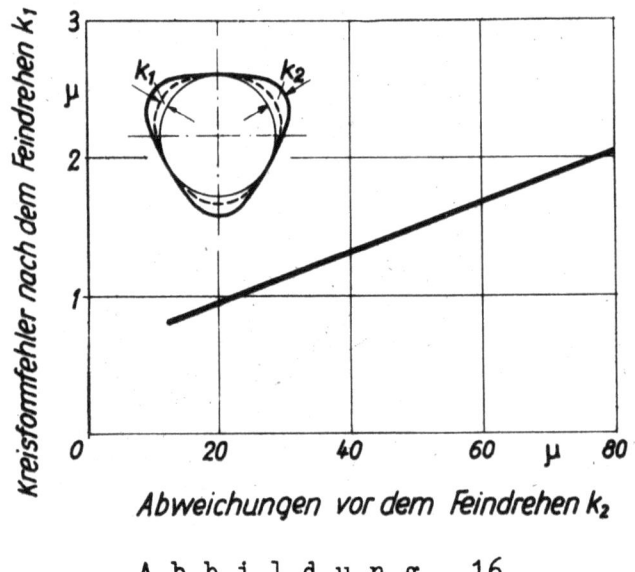

Abbildung 16

Einfluß der Vorbearbeitung auf die Kreisform beim Feindrehen

2 13 Maßabweichungen

Durch den zunehmenden Freiflächenverschleiß des Drehwerkzeuges ändert sich mit der Schnittzeit der Werkstückdurchmesser. Im vorigen Bericht wurde gezeigt, wie man aus der Verschleißmarkenbreite die zu erwartende Durchmesseränderung errechnen kann. Die hierbei nachgewiesene gute Übereinstimmung zwischen der theoretischen und der tatsächlichen Durchmesseränderung war nur deshalb möglich, weil die durch den Temperaturanstieg über der Drehzeit verursachten Durchmesseränderungen ausgeschaltet waren, indem die Durchmesser unmittelbar nach dem Drehen gemessen wurden. Wenn die Werkstücke abgekühlt sind, treten je nach Werkstücktemperatur mehr oder weniger große Differenzen auf.

In Abbildung 17 zeigt die obere Kurve die aus dem Freiflächenverschleiß errechnete Durchmesseränderung in Werkstückmitte über der Anzahl der Werkstücke. Man kann aus dieser Darstellung sehr gut den Verlauf des anfänglich steilen Verschleißanstieges erkennen, der mit den üblichen Methoden der Verschleißmessung nicht mehr erfaßbar ist. Der Linienzug darunter gibt die tatsächliche Durchmesseränderung gemessen in Werkstückmitte wieder. Zwischen beiden Kurven zeigt sich eine beträchtliche Differenz, wobei die tatsächliche Durchmesseränderung sehr stark streut.

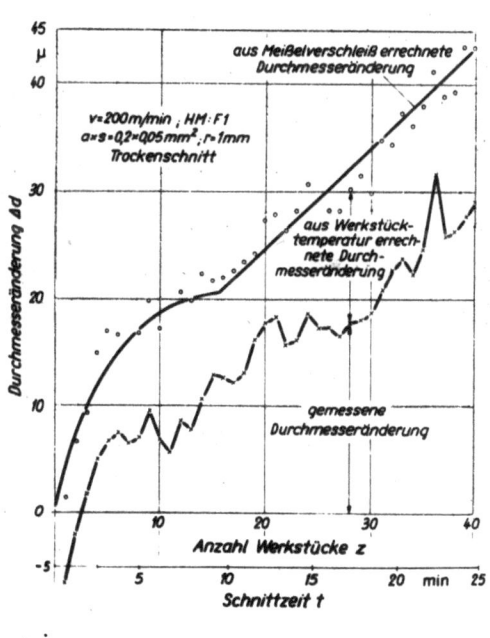

Abbildung 17

Durchmesseränderungen über der Drehzeit beim Trockenschnitt

v = 200m/min   HM : F1   a x s = 0,2 x 0,05 mm^2 r = 1mm

Beide Erscheinungen haben ihre Ursache in der Veränderung der Werkstücktemperatur über der Schnittzeit, die bei diesem Versuch ebenfalls gemessen wurde. Zur Kontrolle sind die aus diesen Temperaturen errechneten Wärmedehnungen zu den gemessenen Durchmesseränderungen addiert. Die sich ergebenden Punkte stimmen gut mit der aus dem Verschleiß errechneten Durchmesserzunahme überein.

Dieses Bild zeigt, daß die Verwendung einer Schneidölemulsion auch in Bezug auf die Maßgenauigkeit Vorteile bringen kann. Zwar werden dadurch die Durchmesseränderungen im ganzen gesehen nicht geringer, aber die Streuungen von Werkstück zu Werkstück nehmen ab. Diese sind für die Einhaltung einer vorgegebenen Maßtoleranz von großer Bedeutung.

Die Durchmesseränderung betrug bei der in Abbildung 17 angegebenen Bedingung vom ersten bis zum letzten Werkstück 36 μ. Die Durchmesseränderungen bis zum Standzeitende wurden wieder bei verschiedenen Schnittbedingungen ermittelt. Sie sind in Abbildung 18 für zwei verschiedene Vorschübe in Abhängigkeit von der Schnittgeschwindigkeit dargestellt.

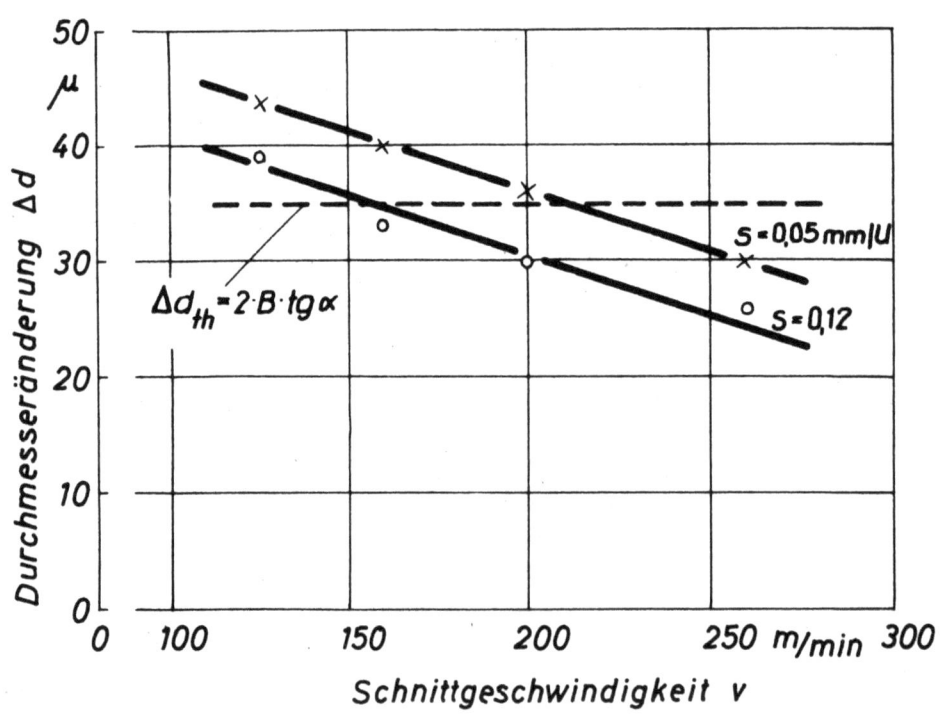

A b b i l d u n g   18

Durchmesseränderungen über der Standzeit beim Feindrehen

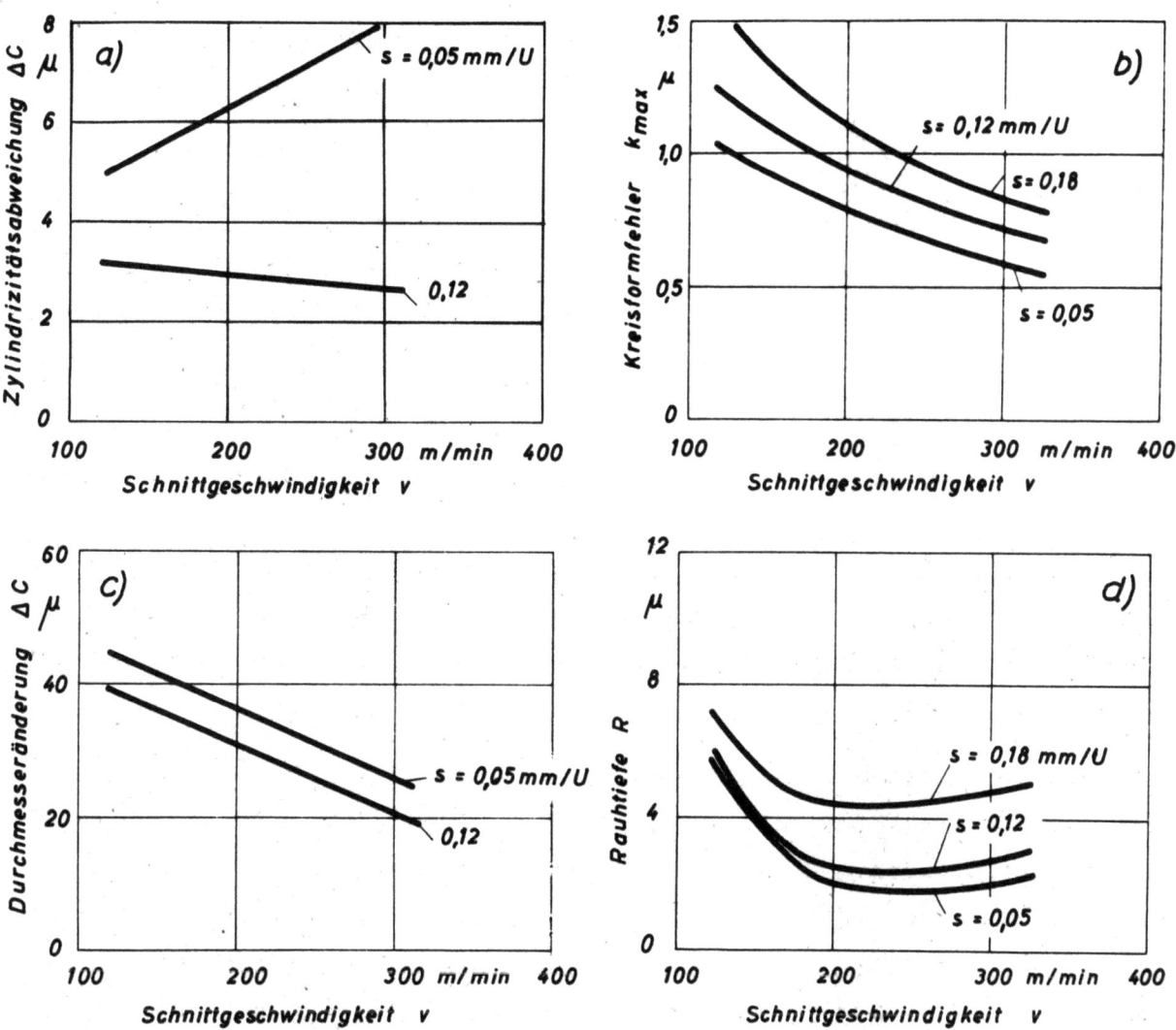

Abbildung 19

Form, Maß und Oberfläche beim Feindrehen in
Abhängigkeit von Schnittgeschwindigkeit und Vorschub

Zum Vergleich ist auch die aus der zugelassenen Verschleißmarkenbreite von 0,2 mm errechnete theoretische Durchmesseränderung gestrichelt eingetragen. Abweichungen hiervon ergeben sich aus den Durchmesserstreuungen und der Zunahme der Rauhtiefe über der Schnittzeit. Die Abnahme der Durchmesserunterschiede mit zunehmender Schnittgeschwindigkeit ist auf den Temperatureinfluß zurückzuführen. Bei größeren Schnittgeschwindigkeiten steigt die Werkstücktemperatur mit der Schnittzeit stärker an. Die Proben werden nach dem Erkalten dünner, so daß ein Teil der verschleißbedingten Durchmesserzunahme ausgeglichen wird.

2 14 Werkstückgüte und Fertigungskosten beim Feindrehen

Nach diesen Untersuchungen liegen die Form und Maßabweichungen in Abhängigkeit von Schnittgeschwindigkeit und Vorschub fest. Die Ergebnisse sind der Übersichtlichkeit halber in Abbildung 19 noch einmal zusammengestellt.

In Diagramm a wurde vorausgesetzt, daß durch eine entsprechende Maschineneinstellung die Hälfte der in Abbildung 10 angegebenen Zylindrizitätsänderung eingehalten werden kann. Zur Ergänzung ist in Diagramm d auch der Verlauf der Rauhtiefe in Abhängigkeit von Schnittgeschwindigkeit und Vorschub aufgetragen. Die Zahlenwerte hierzu sind der Abbildung 17, Seite 21 des früheren Berichtes entnommen.

Es soll nun untersucht werden, wie sich die Fertigungskosten mit den Anforderungen an Form, Maß und Oberfläche ändern. Die Fertigungskosten für die verschiedenen Schnittgeschwindigkeiten und Vorschübe wurden bereits früher ermittelt. Damit ist es möglich, die Kosten als Funktion der in Abbildung 19 aufgetragenen Größen darzustellen (Abb. 20). Parameter der dick ausgezogenen Kurvenscharen ist der Vorschub; die dünnen Linien geben die zugehörigen Schnittgeschwindigkeiten an.

Man erkennt aus den Diagrammen, daß bezüglich der Oberflächengüte die Schnittgeschwindigkeit von 250 m/min am kostengünstigsten ist. Eine Steigerung darüber hinaus bringt auch bezüglich Form und Maß keine grossen Vorteile. Die Zylindrizitätsabweichung steigt bei 0,05 mm/U Vorschub sogar mit zunehmender Schnittgeschwindigkeit an, wie auch aus Abbildung 19 hervorgeht.

Abgesehen von dieser Bedingung werden mit kleiner werdender Schnittgeschwindigkeit trotz ansteigender Fertigungskosten die Form- und Maßabweichungen größer. Dies widerspricht dem durch die Kostenhyperbel charakterisierten Verhalten, daß die Fertigungskosten mit zunehmender Werkstückgüte progressiv ansteigen.

Der Vorschub zeigt bei den in Frage kommenden hohen Schnittgeschwindigkeiten trotz starker Erhöhung der Kosten keinen großen Einfluß auf Kreis-

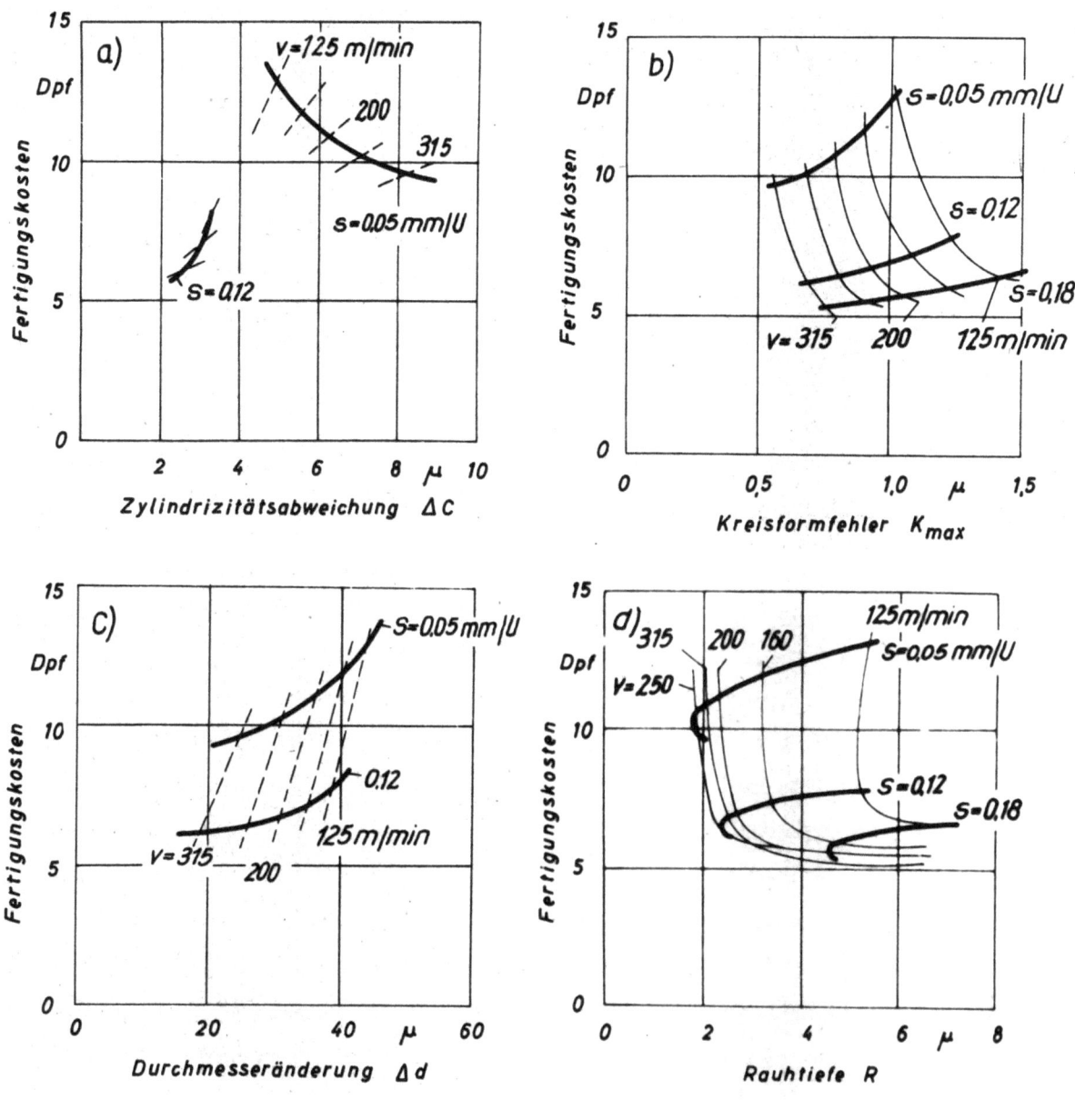

Abbildung 20

Fertigungskosten, Form, Maß und Oberfläche beim Feindrehen

form und Durchmesseränderung. Beispielsweise vermindert sich der Kreisformfehler bei der Geschwindigkeit von 315 m/min durch Verringerung des Vorschubes von 0,18 auf 0,05 mm/U um 25 %; dabei steigen die Fertigungskosten aber auf das Doppelte an. Anders ist es bei dem Zylindrizitätsfehler und bei der Rauhtiefe. Die Zylindrizitätsabweichung ist bei dem größeren Vorschub am niedrigsten. Bemerkenswert ist, daß dabei auch die Fertigungskosten am geringsten sind. Wie Diagramm d zeigt, bringt eine Verminderung des Vorschubes bis zu etwa 0,12 mm/U bei den hohen Geschwindigkeiten eine wesentliche Verringerung der Rauhtiefe. Unterhalb dieses Betrages sind trotz stark ansteigender Fertigungskosten keine großen Verbesserungen zu erwarten.

Das bedeutet, daß es hier in bezug auf alle untersuchten Größen günstig ist, mit einer Schnittgeschwindigkeit von etwa 250 m/min zu arbeiten und den Vorschub so groß zu machen, wie es die geforderte Rauhtiefe noch zuläßt. Vorschübe unterhalb von etwa 0,12 mm/U sollte man nur dort anwenden, wo wegen geringer Werkzeug- oder Werkstückstabilität niedrige Schnittkräfte erwünscht sind. Die für das Feindrehen von Stahl meist angegebenen Vorschübe von 0,05 ... 0,08 mm/U sind also für ein wirtschaftliches Arbeiten nur als unterste Grenze zu betrachten.

Die Durchmesseränderung über der Standzeit beträgt in Diagramm c bis zu 40 μ. Ein so großer Toleranzbereich steht für Maßänderungen meist nicht zur Verfügung. Es ist deshalb häufig erforderlich, das Drehwerkzeug nachzustellen. Wo dies nicht möglich ist, wird man die Schnittbedingungen zweckmäßig so wählen, daß die Durchmesseränderungen möglichst niedrig bleiben. Es ist wenig wirksam, in diesem Fall eine geringere zulässige Verschleißmarkenbreite festzulegen. Da die Durchmesserzunahme zum Teil auf den hohen Anfangsverschleiß an der Hartmetallschneide zurückzuführen ist, würde durch eine Verringerung der zulässigen Verschleißmarkenbreite die Zahl der in der Standzeit zu bearbeitenden Werkstücke zu sehr abnehmen. Hier erscheint es günstiger, den hohen Anfangsverschleiß durch Anbringen einer negativen Fase an der Schneidkante herabzumindern [3].

Es soll weiter untersucht werden, wie die Fertigungskosten in Abhängigkeit von der Maßgenauigkeit verlaufen, wenn das Drehwerkzeug nachgestellt wird. Die Maßgenauigkeit ist dabei abhängig von der Streuung des Werkstückdurchmessers über der Schnittzeit des Drehmeißels (Abb. 17) und der Nachstellgenauigkeit. Hier wurde für alle Schnittbedingungen eine Streubreite von 5 μ gefunden. Die Nachstellgenauigkeit betrug bei der benutzten Feindrehbank bei Verwendung eines Feintasters $\pm$ 2,5 μ, bezogen auf den Durchmesser. Da beide Einflüsse unabhängig voneinander sind, addieren sich die Streuungen quadratisch. Von dem zur Verfügung stehenden Toleranzfeld wurde für die beiden genannten Einflüsse 6 μ abgezogen. Dabei ist vorausgesetzt, daß bei einigen Werkstücken vor und nach dem Nachstellen die Durchmesser unmittelbar nach dem Drehen gemessen und aufgetragen werden.

Durch die auftretenden Formfehler wird das Toleranzfeld weiter eingeschränkt. Hiervon braucht nur der Zylindrizitätsfehler berücksichtigt zu werden, da dieser wesentlich größer als der Kreisformfehler ist. Der Zylindrizitätsfehler bei den einzelnen Bedingungen wurde aus Diagramm 19a entnommen.

In Abbildung 21 sind die Fertigungskosten bei Berücksichtigung der Nachstell- und Meßkosten über der Maßgenauigkeit aufgetragen. Von der zulässigen Toleranzbreite wurden die genannten Größen abgezogen. Aus der Höhe der Resttoleranz bestimmt sich die Nachstellhäufigkeit. Die Zeit für das Messen des Durchmessers wurde mit 0,17 min dann berücksichtigt, wenn die Hauptzeit für das Wechseln des Drehherzes und das Messen des Durchmessers nicht ausreichte. Bei dem Vorschub 0,05 mm/U entsteht wegen der langen Hauptzeit praktisch kein Mehraufwand für das Messen. Die

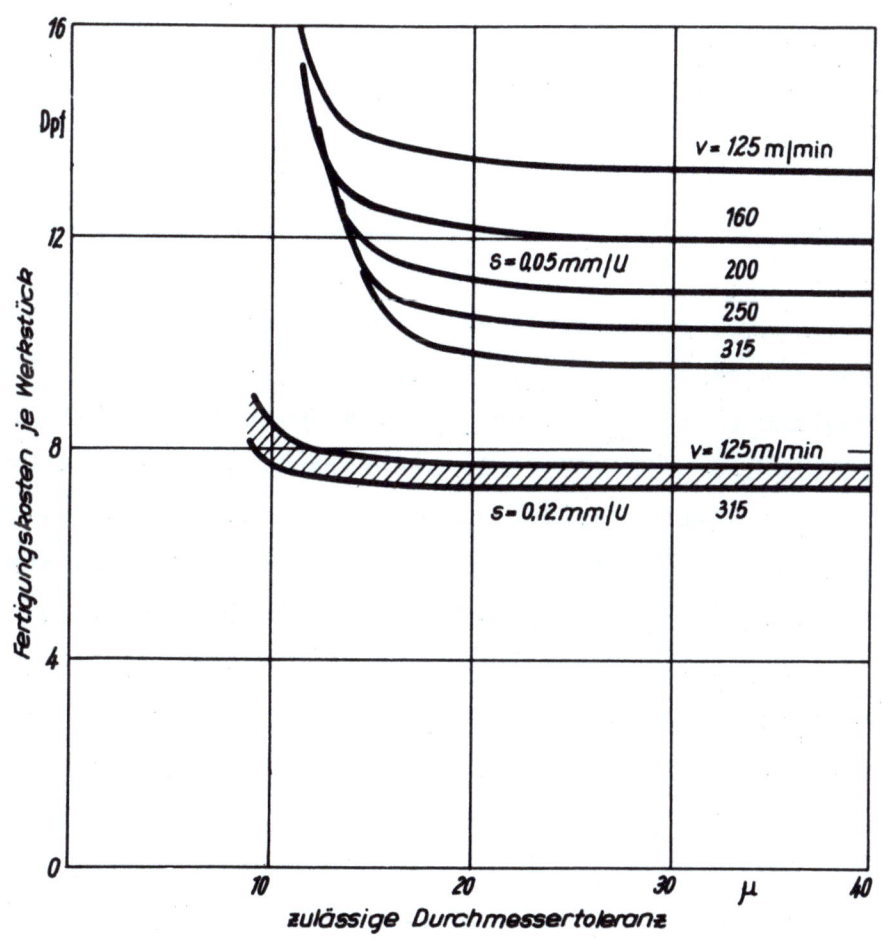

Abbildung 21

Fertigungskosten und Maßgenauigkeit bei Nachstellung des Drehwerkzeuges und Berücksichtigung der Formabweichungen

Nachstellkosten sind bis zu einer Toleranzbreite von etwa 16 μ ebenfalls sehr gering. Sie steigen aber von hier aus rasch an, da das Resttoleranzfeld gegen Null geht, so daß schließlich nach jedem Werkstück nachgestellt werden muß. Die Kostenkurven für den kleinen Vorschub sind zu höheren Geschwindigkeiten nach rechts verschoben, da der Zylindrizitätsfehler durch den Temperatureinfluß mit der Schnittgeschwindigkeit zunimmt. Das gilt nur für den Trockenschnitt. Bei Verwendung einer Schneidflüssigkeit ist der Zylindrizitätsfehler - wie bereits erwähnt - wesentlich geringer und ziemlich unabhängig von den Schnittbedingungen.

Für den Vorschub 0,12 mm/U ist besonders bei größeren Geschwindigkeiten die Hauptzeit verhältnismäßig kurz. Hier addieren sich deshalb die Meßzeiten, und die Kostenkurven für die verschiedenen Geschwindigkeiten fallen dicht zusammen. Da bei diesem Vorschub der Zylindrizitätsfehler gering war, sind hier geringere Maßtoleranzen einzuhalten als bei dem Vorschub 0,05 mm/U.

2 2 Feinschleifen

2 21 Maßgenauigkeit beim Schleifen mit Meßsteuerung und beim Schleifen gegen Anschlag

Im ersten Forschungsbericht wurde gezeigt, daß die Maßgenauigkeit beim Längsschleifen mit Meßsteuerung im wesentlichen von der Zustellung abhängt. In Diagramm c der Abbildung 22 ist dies noch einmal für das Schleifen mit einer Scheibe EK 60 L veranschaulicht [8]. Die Grobzustellung wurde bei diesem Versuch mit $2a_2$ = 20 μ/Hub konstant gehalten. Die ausgezogenen Linien gelten für das Schleifen ohne Ausfunken, die gestrichelten für die Nachschaltung von drei Ausfunkhüben. Auf das Schaubild soll in diesem Zusammenhang nur hingewiesen werden, da eine ausführliche Darlegung dieser Abhängigkeiten im vorigen Bericht bereits erfolgte.

Lediglich bezüglich der Zylindrizitätsabweichung soll folgende Ergänzung gemacht werden. Die Zylindrizitätsabweichung wächst proportional mit der Zustellung an. Dies ist zum Teil auf die ebenfalls nahezu proportional zur Zustellung anwachsende Rückkraft [9] zurückzuführen, die ein doppelglockenförmiges Werkstück entstehen läßt, wie dies bereits beim Feindrehen beschrieben wurde. Dem überlagern sich noch andere Einflüsse,

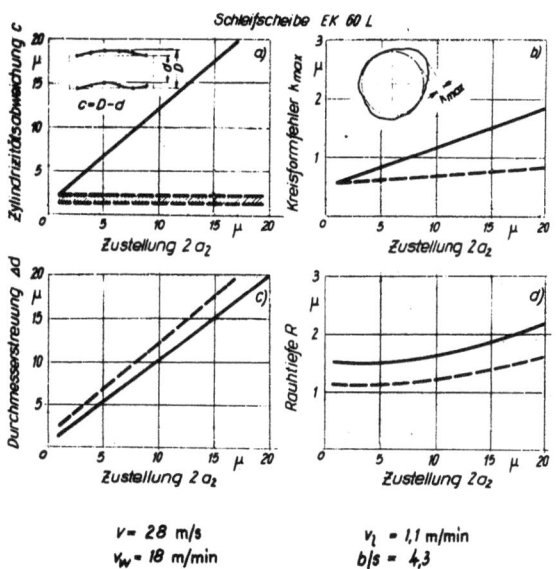

A b b i l d u n g   22

Form, Maß und Oberflächengüte beim Feinschleifen als Funktion
der Zustellung
(v = 28 m/s; v_w = 18 m/min; v_1 = 1,1 m/min; Scheibenbreite 25 mm;)
(---- Schleifen mit Ausfunken)

die nicht einzeln erfaßt wurden. Durch das Ausfunken wird besonders bei den größeren Zustellungen der Zylindrizitätsfehler wesentlich verringert, und es bleibt ein von der Zustellung unabhängiger Restfehler übrig.

Beim Schleifen gegen Anschlag wird die Maßabweichung in Abhängigkeit von der Zustellung anders verlaufen. Beispielsweise hängt hierbei die Durchmessergenauigkeit weniger von der Zustellung ab als von den Wärmedehnungen der Maschine, der Änderung des Schleifscheibendurchmessers durch Verschleiß und Abrichten, von der Genauigkeit, mit der ein Ausgleich dieser Veränderungen möglich ist und letztlich von der Anschlaggenauigkeit.

Um zu prüfen, welche Maßgenauigkeiten beim Anschlagschleifen zu erzielen sind, wurde auch die Durchmesserstreuung bei diesem Schleifverfahren ermittelt. Hierfür sind bei verschiedenen Zustellungen jeweils 25 Werkstücke gegen fest eingestellten Anschlag geschliffen worden. Die übrigen Bedingungen entsprechen den im ersten Bericht (zu Abb. 25, S. 30) angegebenen Werten. Hierbei wurde auch die gleiche Maschine wie bei den Versuchen mit Meßsteuerung verwendet. Um die eben erwähnten Wärmeeinflüsse auszuschalten, war es notwendig, die Maschine genügend lange vorher warmlaufen zu lassen. Es zeigte sich, daß die Streuung der Werkstückdurchmesser im wesentlichen von der Zustellung abhängt, wie in Abbildung 23 dargestellt ist. Das Ausfunken bringt besonders bei den größeren Zustellungen eine Verringerung der Streubreite. Die ersten Ausfunkhübe sind am wirksamsten.

Ein Vergleich mit den Ergebnissen in Diagramm 22 c zeigt, daß bei Verwendung derselben Maschine die Streuungen, abgesehen von sehr kleinen Zustellungen, beim Anschlagschleifen wesentlich geringer sind, als beim Schleifen mit Meßsteuerung.

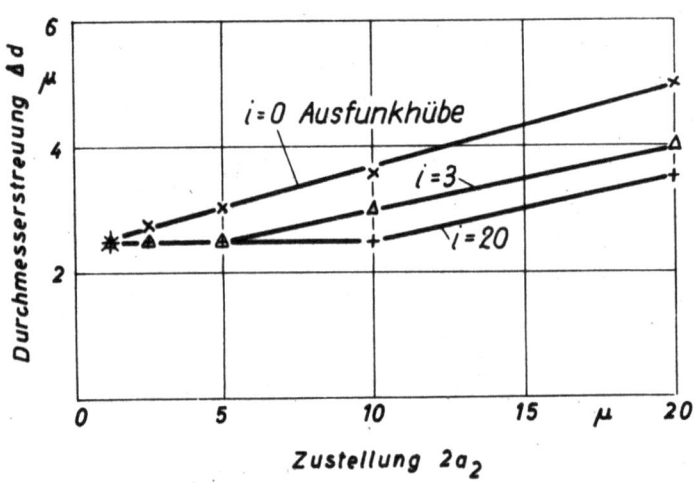

Abbildung 23

Durchmesserstreuung und Zustellung beim Schleifen gegen Anschlag

Hier sind aber zwei Einschränkungen zu machen:

1. Dies gilt nur für das Längsschleifen, da beim Einstechschleifen die Zustellung pro Umdrehung, die für die Abschalt-Ungenauigkeit der Meßsteuerung maßgebend ist, wesentlich kleiner ist als beim Längsschleifen.

2. Die für das Schleifen mit Meßsteuerung angegebene Durchmesserstreuung ist die maximale Maßabweichung, die auftreten kann. Beim Schleifen gegen Anschlag kommen zu der Streuung noch allmähliche Durchmesserveränderungen durch Scheibenverschleiß und Erwärmung der Maschine.

Die Größenordnung dieser Änderungen ist aus Abbildung 24 zu ersehen. Hier wurde beim Längsschleifen gegen Anschlag versucht, bei dauernder Maßkontrolle die 5. ISA-Qualität einzuhalten. Das entspricht bei dem vorliegenden Durchmesser einem Toleranzfeld von 9 μ. In dem Bild ist der Durchmesserverlauf für zwei verschiedene Bedingungen dargestellt. Bei der Schleifscheibe EK 60 L betrug die Bearbeitungszugabe 0,26 mm und bei der Scheibe EK 120 Jot, bei entsprechender Vorbearbeitung 0,06 mm. Die übrigen Bedingungen entsprechen den in Abbildung 25 und 26 angegebenen. Es war in beiden Fällen ohne weiteres möglich, das vorgegebene Toleranzfeld einzuhalten. Da die Streubreite ziemlich konstant ist und die Nachstellgenauigkeit hoch liegt - sie beträgt bei der verwendeten Maschine $\pm$ 1 μ - lassen sich auch ohne Meßsteuerung kleinere Toleranzen erzielen.

Obwohl die stetige Durchmesseränderung, der sog. "Trend" besonders bei der oberen Bedingung verhältnismäßig groß war, genügte es doch, während der Bearbeitung eines Werkstückes das vorhergehende zu messen und danach gegebenenfalls die Maschine zu verstellen. Da die Hauptzeit in beiden Fällen ausreichend groß war, ergab sich kein Mehraufwand durch die Meßzeiten. Bei Mehrmaschinenbedienung werden allerdings zu kleineren Toleranzen hin die Fertigungskosten ansteigen.

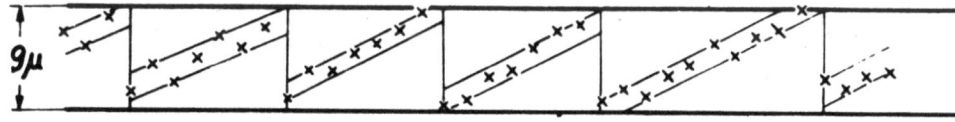

Scheibe: EK 60 L ; 2δ = 0,26 mm
$2a_1$ = 20μ ; $2a_2$ = 2,5μ ; t_h = 1,3 min

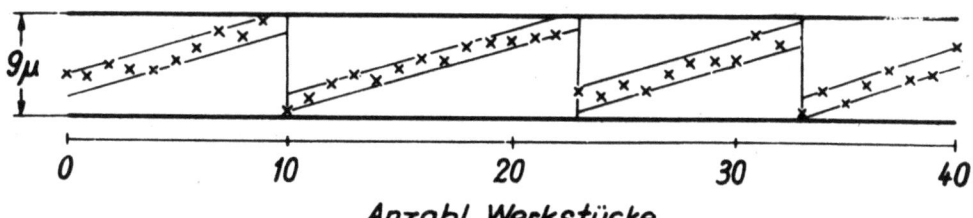

Scheibe: EK 120 Jot ; 2δ = 0,06 mm
$2a_1$ = 5μ ; $2a_2$ = 2,5μ ; t_h = 0,97 min

A b b i l d u n g   24

Maßgenauigkeiten beim Schleifen gegen Anschlag

2 22 Kreisform- und Rundlauffehler beim Feinschleifen

Bezüglich der Abhängigkeit des größten Kreisformfehlers von der Zustellung sei nochmals auf Diagramm b in Abbildung 22 verwiesen. Der Fehler ist im wesentlichen auf Formfehler in den Zentrierungen zurückzuführen; er steigt mit zunehmender Zustellung leicht an.

Wie bereits erwähnt, wurde untersucht, wie sich Schnittkraft und Mitnehmerkraft beim Feindrehen auf Kreisform und Rundlauf auswirken. Für das Schleifen gilt grundsätzlich dasselbe. Lediglich ist hier das Verhältnis zwischen Rückkraft und Hauptschnittkraft im allgemeinen etwa 2 : 1, während es beim Drehen etwa 0,6 : 1 beträgt. Deshalb sind beim Schleifen Kreisform- und Rundlauffehler noch kleiner im Verhältnis zu dem Zylindrizitätsfehler. Um die auftretenden Fehler abzuschätzen, soll auch hier ein Zahlenbeispiel betrachtet werden.

Es wurden zylindrische Normwerkstücke mit der verhältnismäßig großen Zerspanleistung $z = 3 \text{ mm}^3/\text{mm} \cdot \text{s}$ nach dem Einstechverfahren geschliffen. Die Hauptschnittkraft betrug dabei $P_1 = 26$ kg. An der verwendeten Schleifmaschine wurde bei Belastung zwischen Körnerspitze und Mitnehmerbolzen eine Federzahl $c_m = 20$ kg/μ ermittelt (Abb. 12). Die maximale Abweichung von der Kreisform ergibt sich nach der in Abschnitt 2.122 abgeleiteten Beziehung zu $k_{max} = 1,1 \cdot 10^{-5}$ μ. Das heißt, auch beim Schleifen mit größeren Zerspanleistungen ergeben sich praktisch kreisrunde Werkstücke. Der theoretische Rundlauffehler auf der Spindelstockseite errechnet sich zu 1 μ. Gemessen wurde bei dem Versuch ein Fehler von 2 μ. Der gleiche Versuch wurde nun auch mit einem querkraftfreien Mitnehmer durchgeführt. Hierbei wurde im Mittel ein Fehler von 1,5 μ ermittelt.

Diese Messungen bestätigen, daß auch beim Schleifen der durch die Mitnehmerkraft verursachte Kreisform- und Rundlauffehler sehr gering gegenüber den anderen auftretenden Fehlern ist, so daß auch hier die Verwendung eines querkraftfreien Mitnehmers normalerweise keine Vorteile bringt.

2 23 Fertigungskosten beim Feinschleifen

Wie beim Feindrehen lassen sich auch für das Feinschleifen die Fertigungskosten in Abhängigkeit von der Werkstückgüte darstellen. Hierauf wurde bereits im ersten Forschungsbericht ausführlich eingegangen. Für den in Abschnitt 3 durchgeführten Vergleich der Verfahren sollen hier

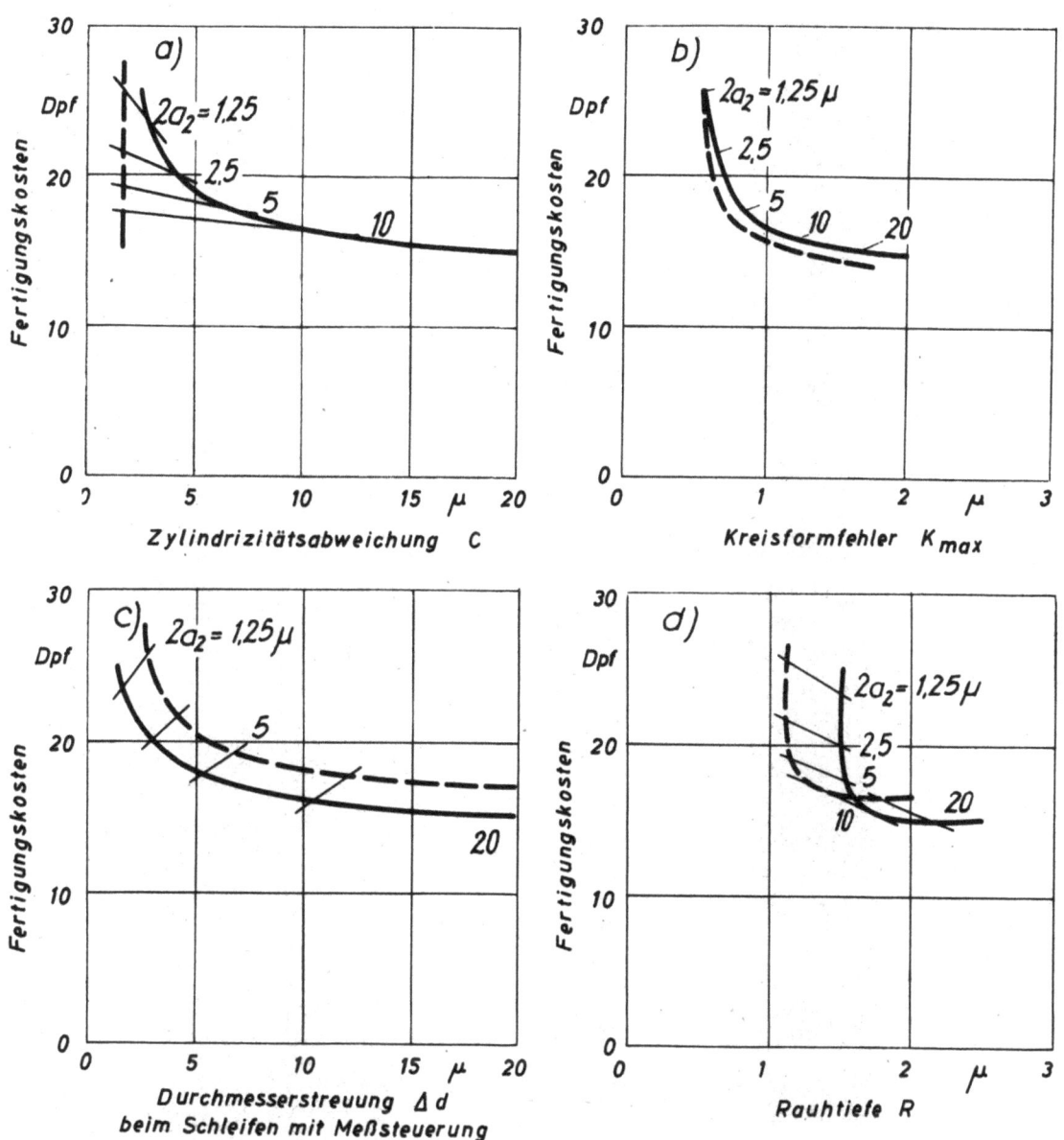

Abbildung 25

Fertigungskosten, Form, Maß und Oberfläche bei
Verwendung einer Schleifscheibe EK 60 L
(v = 28 m/s; v_w = 18/min; v_1 = 1,1 m/min;
Scheibenbreite 25 mm; --- Schleifen mit Ausfunken)

noch einmal kurz die Abbildungen 25 und 26 diskutiert werden. Diagramm 25 a zeigt, daß ein Ausfunken im Hinblick auf die Zylindrizität in jedem Fall kostenmäßig Vorteile bringt entsprechend einer großen Formverbesserung, die durch das Ausfunken erreicht wird. Da der Zylindrizitätsfehler unabhängig von der Zustellung ist, ergibt sich die

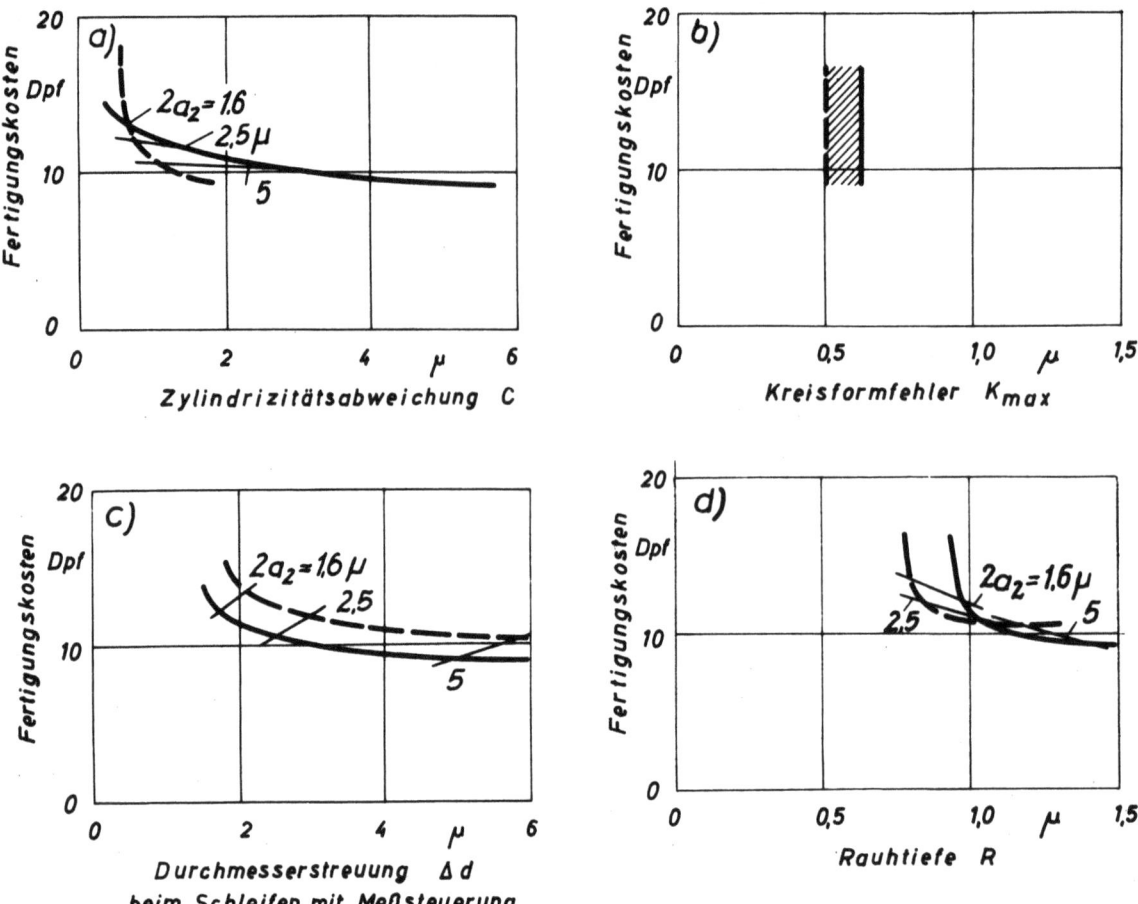

Abbildung 26

Fertigungskosten, Form, Maß und Oberfläche bei einer
Schleifscheibe EK 120 Jot
($v = 28$ m/s; $v_w = 30$ m/min; $v_l = 1,25$ m/min;
Schleifscheibenbreite 25 mm; --- Schleifen mit Ausfunken)

gestrichelte senkrechte Gerade. Für den Kreisformfehler bringt das Ausfunken nach Diagramm b keine wesentliche Verbesserung bei gleichen Fertigungskosten. Dagegen ist das Ausfunken bei gleicher Durchmesserstreuung kostenmäßig ungünstiger; das gleiche gilt für Rauhtiefen oberhalb 1,5 μ.

Ob man beim Schleifen mit Meßsteuerung ein Ausfunken nachschaltet, wird also im wesentlichen davon abhängen, ob größerer Wert auf Form und Oberfläche oder auf Maßgenauigkeit gelegt wird.

Zum Vergleich ist in Abbildung 26 dargestellt, wie sich die Fertigungskosten bei Verwendung einer Schleifscheibe EK 120 Jot verhalten. Es zeigt sich grundsätzlich der gleiche Verlauf der Kostenkurven, die hier entsprechend der feineren Scheibe zu kleineren Form- und Maßabweichungen sowie Rauhtiefen verschoben sind.

Für einen Vergleich der Fertigungskosten der beiden Bearbeitungsverfahren ist zu bemerken, daß bei Anwendung der feineren Schleifscheibe die Kosten für das Vorschleifen zu berücksichtigen sind. Bei gleicher Gesamt-Bearbeitungszugabe betragen sie bei der Scheibe EK 60 L 9,2 Dpf/Werkstück. Hierüber wurde im ersten Forschungsbericht ebenfalls bereits ausführlich berichtet.

3. Vergleich der Verfahren Feindrehen und Feinschleifen

Abschließend sollen nun die Kostenkurven beim Feindrehen und Feinschleifen miteinander verglichen und gegenübergestellt werden. Dabei müssen die jeweiligen Vorbearbeitungskosten berücksichtigt werden.

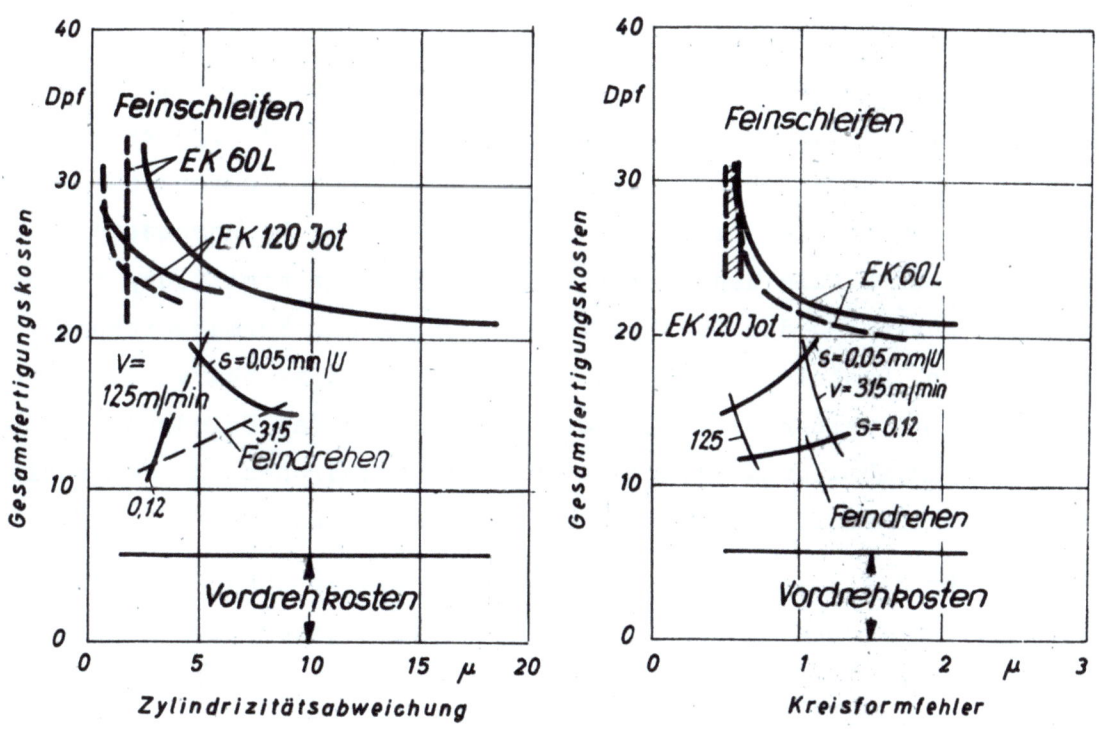

Abbildung 27

Fertigungskosten beim Feinschleifen und Feindrehen in Abhängigkeit von den Formabweichungen
(--- Schleifen mit Ausfunken)

In Abbildung 27 sind die Fertigungskosten für die beiden Verfahren als Funktion der Formabweichungen dargestellt. Vor der Endbearbeitung wurden die Normwerkstücke auf eine Oberflächengüte von R = 16 μ vorgedreht. Hierfür betragen die Kosten 5,8 Dpf/Werkstück und sind in den beiden Diagrammen bereits berücksichtigt.

Bei einem Vergleich der beiden Verfahren stellt sich heraus, daß die Gesamtkosten beim Feinschleifen bedeutend höher sind als beim Feindrehen, obgleich die Formfehler, vor allem der Kreisformfehler nur unbedeutend kleiner sind als beim Feindrehen. Demnach ist es im Hinblick auf die Formgenauigkeit wirtschaftlich feinzudrehen. Nur bei besonders hohen Anforderungen erscheint die Anwendung des Schleifens gerechtfertigt. Hierzu ist allerdings vorauszusetzen, daß die erzielte Maßgenauigkeit und Oberflächengüte den gestellten Anforderungen entsprechen. Zu bemerken ist noch, daß ein Feindrehen nur bei ungehärteten Werkstücken möglich ist. Somit scheidet dieses Verfahren für manche Anwendungsfälle aus.

Die Fertigungskosten in Abhängigkeit von der Maßgenauigkeit sind in Abbildung 28 gegenübergestellt. Die Kostenkurven für das Feinschleifen sind in den Abbildungen 25 und 26 entnommen, wo die Fertigungskosten über der Durchmesserstreuung beim Schleifen mit Meßsteuerung aufgetragen sind. Hierdurch sind lediglich die auftretenden Durchmesserunterschiede an einer Stelle des Werkstückes erfaßt. Zur Ermittlung der Maßgenauigkeit müssen zu den Durchmesserstreuungen die Formabweichungen addiert werden. Deshalb sind in Abbildung 28 die Kostenkurven zu höheren Abweichungen hin verschoben. Die Kostenkurven für das Feindrehen entsprechen den in Abbildung 21 gezeigten. Beim Feindrehen und Feinschleifen sind die Kosten für das Vordrehen berücksichtigt.

Die Kosten für das Feinschleifen liegen zwar wieder höher als die beim Feindrehen, doch können dafür beim Feinschleifen wesentlich engere Toleranzen eingehalten werden. Wie dieser Vergleich zeigt, sollte man bei Maßtoleranzen über etwa 15 μ möglichst das Feindrehen anwenden, wenn die dabei erzielte Oberflächengüte ausreichend ist. Es muß hier wieder betont werden, daß die Kurven beim Schleifen nur für das Außenrund-Längsschleifen mit Meßsteuerung gelten. Gegenüber dem Schleifen gegen Anschlag oder dem Einstechschleifen bestehen wesentliche Unterschiede, wie bereits im Abschnitt 2.21 ausführlich dargelegt wurde.

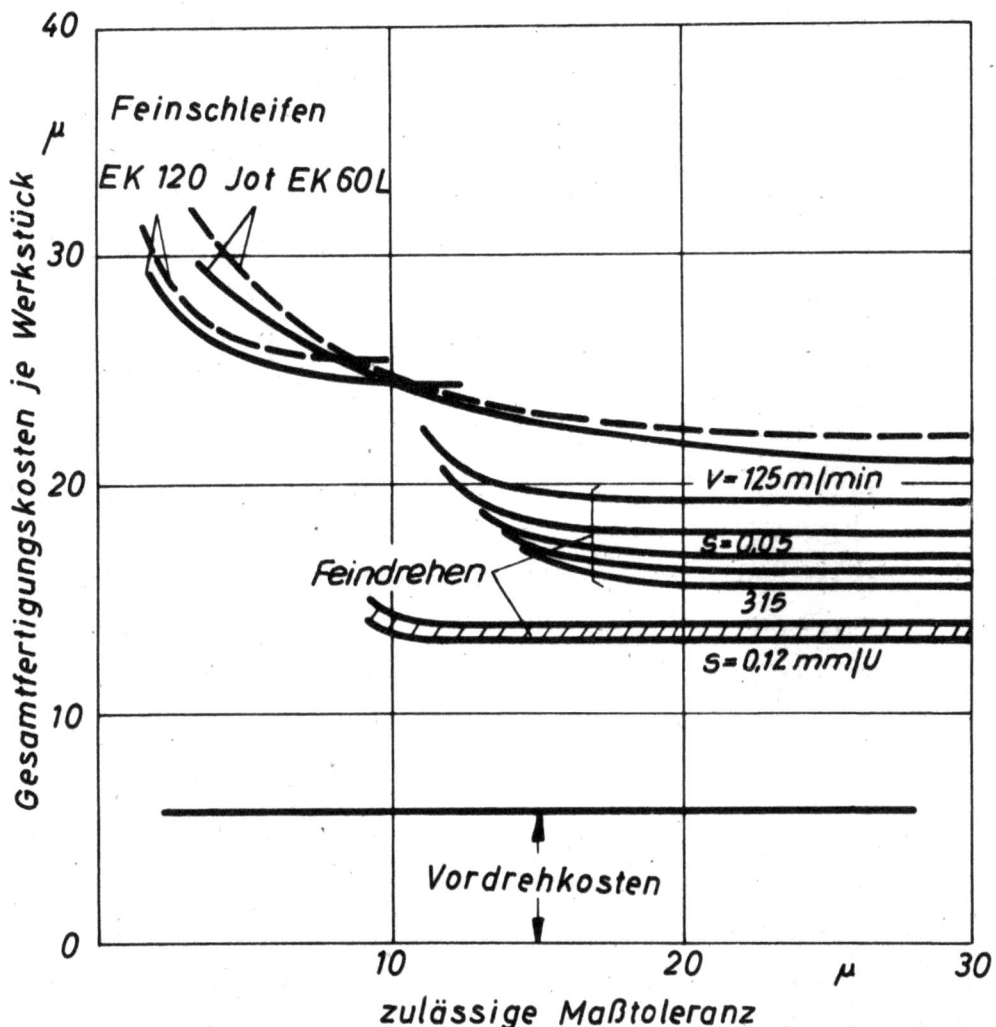

Abbildung 28

Fertigungskosten und zulässige Maßtoleranz beim Feindrehen und Feinschleifen bei Berücksichtigung der Formabweichungen
(--- Schleifen mit Ausfunken)

Aus den hier diskutierten Gründen erscheint es im Zusammenhang dieses Kostenvergleiches unzweckmäßig, das Schleifen gegen Anschlag in die Kostenbetrachtung mit einzubeziehen.

Abschließend soll noch untersucht werden, wie sich bei den beiden Verfahren und den Bearbeitungsbedingungen Form, Maß und Oberfläche zueinander verhalten. Hierzu ist es erforderlich, den ISA-Qualitäten bestimmte Oberflächengüten und Formgenauigkeiten zuzuordnen.

Leider fibt es bis heute noch keine allgemein gültige Festlegung. Deshalb wurde hier vorausgesetzt, daß die Formabweichungen die Hälfte der zulässigen Maßabweichung ausmachen darf. Für die Rauhtiefe ist der Zuordnungsvorschlag von MOLL zugrundegelegt [10].

Beim Feindrehen sei die Schnittgeschwindigkeit von 250 m/min herausgegriffen, die sich bezüglich der Werkstückgüte als kostengünstig erwiesen hat. Für den Vorschub 0,05 mm/U ergibt sich dafür aus Abbildung 19 ein Formfehler von 7 μ. Bei einem Durchmesser von 30 mm und der vorausgesetzten Zuordnung entspricht dieser Formfehler der 7. ISA-Qualität, wie in dem Säulendiagramm in Abbildung 29 dargestellt ist. Ebenso ergibt sich für diese Bedingung eine Oberflächengüte, die der 6. ISA-Qualität entspricht. Die unter Berücksichtigung der Formabweichung erzielbare Maßtoleranz fällt in den Bereich der 7. ISA-Qualität (Abb.21). Die nicht schraffierten Säulen stellen die Fertigungskosten dar; sie betragen in diesem Fall einschließlich der Vorbearbeitungskosten 16,3 Dpf/Werkstück.

Für den Vorschub 0,12 mm/U findet man bei der gleichen Geschwindigkeit entsprechend eine Formgenauigkeit, die der 4.ISA-Qualität entspricht und eine Maßgenauigkeit von der 6. ISA-Qualität. Die Oberfläche ist allerdings um eine Qualität schlechter geworden. Dafür haben sich die Fertigungskosten um 16 % verringert.

Für das Schleifen ist ein ähnlicher Vergleich in den nächsten Säulen dargestellt. Mit Ausfunken wird bei bestimmten gewählten Bedingungen die 5. ISA-Qualität erreicht. Form und Oberfläche entsprechen dabei der 3. und 4. ISA-Qualität. Ohne Ausfunken wird, bedingt durch die geringe erzielte Formgenauigkeit, nur die 6. ISA-Qualität erreicht. Selbstverständlich ist es möglich, durch Feinschleifen noch bessere Werkstücke zu erzeugen, dabei steigen aber die Fertigungskosten weiter an.

Da sich beim Feindrehen nach diesen Untersuchungen bei niedrigen Fertigungskosten hohe Formgenauigkeiten ergeben, erscheint es sinnvoll, hochwertige Werkstücke zunächst durch Feindrehen vorzubearbeiten, da es bei der Vorbearbeitung im wesentlichen auf die Formhaltigkeit ankommt. Wenn man diese Werkstücke dann mit geringer Bearbeitungszugabe feinschleift oder feinhont, erreicht man in Form, Maß und Oberfläche die

3. ISA-Qualität bei einem Kostenaufwand von nur 22 Dpf/Werkstück. Dies ist umso bemerkenswerter, als durch Feinschleifen allein bei noch etwas höheren Kosten nur die 5. ISA-Qualität erreicht wird.

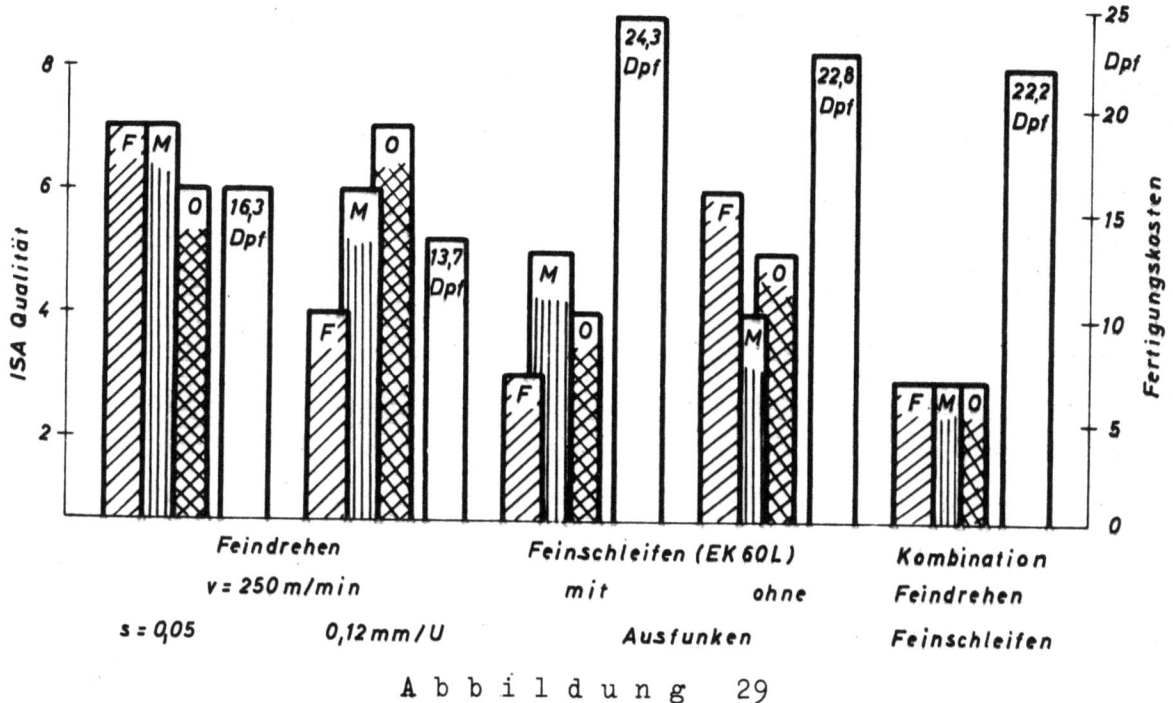

Abbildung 29

ISA-Qualität und Fertigungskosten beim Feindrehen und Feinschleifen
▨ Form ▨ Oberfläche   zul. Formabweichung = 1/2 T
▥ Maß   ☐ Kosten   zul. Rauhtiefe = 0,42 Δ T (nach MOLL)

4. Zusammenfassung

Bei jedem Bearbeitungsfall gibt es eine Vielzahl von Einflußgrößen, welche die Werkstückgüte und die Fertigungskosten beeinflussen. Die Berücksichtigung dieser Größen führte zu sehr umfangreichen Versuchen, deren Ergebnisse nicht nur für den Wirtschaftlichkeitsvergleich von Interesse sind, sondern darüber hinaus wertvolle Hinweise für die Wahl zweckmäßiger Bearbeitungsbedingungen geben.

Beim Feindrehen nehmen die Untersuchungen über die Form- und Maßgenauigkeit besonderen Umfang ein. Die einzelnen Einflußgrößen, die zu Formabweichungen führen, werden untersucht und ihr Anteil am Gesamtfehler ermittelt. Die bisher für das Feindrehen von Stahl allgemein empfohlenen Vorschübe von 0,05 bis 0,08 mm/U sollte man nur als unterste Grenze ansehen. Bei 0,12 mm/U Vorschub werden bei zweckmäßiger Schneidenform noch verhältnismäßig gute Oberflächen erzielt, wobei die Formgenauigkeit größer als bei kleineren Vorschüben ist.

Für das Feinschleifen wurde bereits im 1. Forschungsbericht ausführlich untersucht, welchen Einfluß die Zerspanbedingungen auf Form, Maß und Oberfläche nehmen. Ergänzend hierzu wurde das Schleifen gegen Anschlag untersucht. Die Kostenkurven in Abhängigkeit von Formgenauigkeit, Maßgenauigkeit und Oberflächengüte zeigen anschaulich den Einfluß dieser Größen auf die Fertigungskosten. Sie lassen erkennen, daß die Bearbeitungsbedingungen nicht einseitig, beispielsweise nach der verlangten Oberflächengüte, festgelegt werden dürfen.

Aus der Gegenüberstellung der Kostenkurven beim Feindrehen und Feinschleifen kann man für eine gewünschte Werkstückgüte das kostengünstigere Verfahren entnehmen. Die Fertigungskosten sind wesentlich geringer als beim Feinschleifen, wobei die Werkstückgüte beim Feinschleifen nur wenig höher ist. Als besonders kostengünstig zeigte sich bei Werkstücken, an die sehr hohe Anforderungen gestellt werden, eine Kombination von Feindrehen und Feinschleifen.

Die aufgestellten Kostenkurven und Richtlinien gelten streng nur für den untersuchten Bereich; sie können jedoch bei ähnlichen Bearbeitungsfällen einen guten Anhalt für die Wahl kostengünstiger Bearbeitungsbedingungen und eine wirtschaftliche Feinbearbeitung geben.

Die bisher durchgeführten Versuche haben gezeigt, welche Bedeutung diesem Leistungsvergleich im Hinblick auf eine wirtschaftliche Feinbearbeitung zukommt. Eine Erweiterung dieser Untersuchungen auf andere Verfahren bei entsprechenden Probenformen führt zu weiteren Vergleichsmöglichkeiten, wodurch die vorliegenden Kostenkurven erheblich an Bedeutung gewinnen.

Prof.Dr.-Ing. Herwart OPITZ
Dr.-Ing. Hermann SCHULER
Dipl.-Ing. P.H. BRAMMERTZ

Literaturverzeichnis

[1] OPITZ, H. und
H. SCHULER
Untersuchungen für einen Wirtschaftlichkeitsvergleich der Feinbearbeitungsverfahren.
Forschungsberichte des Wirtschafts- und Verkehrsministeriums Nordrhein-Westfalen.
Westdeutscher Verlag Köln und Opladen 1958

[2] SCHULER, H.
Wirtschaftlichkeitsvergleich der Feinbearbeitungsverfahren.
Werkstattstechnik und Maschinenbau 45 (1955), S. 600-605

[3] SOKOLOWSKI, A.P.
Präzision in der Metallbearbeitung.
VEB-Verlag Technik, Berlin 1955

[4] SCHULER, H.
Formabweichungen, ihre Ursachen und ihre Messung.
Werkzeugmaschine und Fertigungstechnik.
Sonderteil des Industrie-Anzeigers, Nr.19 vom 7.3.1958

[5] SALJE, E.
Formfehler beim Schleifen.
Klepzig Fachberichte 65 (1957), S.21-24

[6] KIEKEBUSCH, H.
Die Werkzeugmaschine unter Last.
VDI-Forschungsheft 360,
VDI-Verlag, Berlin 1933

[7] VOOS, K.
Feinstbearbeitung, Feinstdrehen und Feinstbohren.
Herausgegeben vom AWF beim RKW.
Teubner-Verlag, Leipzig und Berlin 1939

[8] SCHULER, H.
Neue Ergebnisse beim Wirtschaftlichkeitsvergleich der Feinbearbeitungsverfahren.
Werkzeugmaschine und Fertigungstechnik des Ind. Anz. v.7.8.1956, S.953-957

[9] OPITZ, H.,
E. SALJE und
K.E. SCHWARTZ
Richtwerte für das Außenrund-, Längs- und Einstechschleifen.
Forschungsberichte des Wirtschafts- und Verkehrsministeriums Nordrhein-Westfalen.
Westdeutscher Verlag, Köln u.Opladen 1956

[10] MOLL, H.
Begriffe der Feinbearbeitung und Grundlagen für den Vergleich der Verfahren.
Werkstattstechnik und Maschinenbau 43, (1953), S.90-92

[11] OPITZ, H. und E. SALJE
Wirtschaftliche Zerspanbedingungen beim Schleifen.
Werkstattstechnik und Maschinenbau 44, (1954), S. 483-489

[12] SCHMIDT, A.O.
Temperaturmessung an Werkstück, Werkzeug und Span.
Werkstattstechnik und Maschinenbau 43, (1953), S. 345-350

[13] SCHULER, H.
Feindrehen mit Hartmetallwerkzeugen.
Werkzeugmaschine und Fertigungstechnik.
(Sonderteil des Industrie-Anzeigers)
Nr. 53 vom 5.6.1955

[14] ders.
Untersuchungen für einen Leistungsvergleich verschiedener Feinbearbeitungsverfahren.
Dissertation, T.H. Aachen 1957

[15] WITTHOFF, J.
Der kalkulatorische Verfahrensvergleich.
REFA-Buch, Band 5
Carl-Hanser Verlag, München 1956

[16] ZOLLIKOFER, O.
Qualität und Kosten.
Industrielle Organisation 20 (1951) S. 2

FORSCHUNGSBERICHTE
DES WIRTSCHAFTS- UND VERKEHRSMINISTERIUMS
NORDRHEIN-WESTFALEN

Herausgegeben von Staatssekretär Prof. Dr. h. c. Dr. E. h. Leo Brandt

FERTIGUNG

HEFT 11
Laboratorium für Werkzeugmaschinen und Betriebslehre, Technische Hochschule Aachen
1. Untersuchungen über Metallbearbeitung im Fräsvorgang mit Hartmetallwerkzeugen und negativem Spanwinkel
2. Weiterentwicklung des Schleifverfahrens für die Herstellung von Präzisionswerkstücken unter Vermeidung hoher Temperaturen
3. Untersuchung von Oberflächenveredlungsverfahren zur Steigerung der Belastbarkeit hochbeanspruchter Bauteile
1953, 80 Seiten, 61 Abb., DM 15,75

HEFT 47
Prof. Dr.-Ing. K. Krekeler, Aachen
Versuche über die Anwendung der induktiven Erwärmung zum Sintern von hochschmelzenden Metallen sowie zur Anlegierung und Vergütung von aufgespritzten Metallschichten mit dem Grundwerkstoff
1954, 66 Seiten, 39 Abb., 11 Tabellen, DM 13,90

HEFT 53
Prof. Dr.-Ing. H. Opitz, Aachen
Reibwert und Verschleißmessungen an Kunststoffgleitführungen für Werkzeugmaschinen
1954, 38 Seiten, 18 Abb., DM 8,20

HEFT 66
Dr.-Ing. P. Füsgen VDI †, Düsseldorf
Untersuchungen über das Auftreten des Ratterns bei selbsthemmenden Schneckengetrieben und seine Verhütung
1954, 32 Seiten, 5 Abb., DM 6,60

HEFT 86
Prof. Dr.-Ing. H. Opitz, Aachen
Untersuchungen über das Fräsen von Baustahl sowie über den Einfluß des Gefüges auf die Zerspanbarkeit
1954, 108 Seiten, 73 Abb., 7 Tabellen, DM 22,—

HEFT 99
Prof. Dr.-Ing. G. Garbotz, Aachen
Der Kraft- und Arbeitsaufwand sowie die Leistungen beim Biegen von Bewehrungsstählen in Abhängigkeit von den Abmessungen, den Formen und der Güte der Stähle (Ermittlung von Leistungsrichtlinien)
1955, 136 Seiten, 53 Abb., 3 Anlagen, 18 Tabellen, DM 30,—

HEFT 101
Prof. Dr.-Ing. H. Opitz, Aachen
Wirtschaftlichkeitsbetrachtungen beim Außenrundschleifen
1955, 100 Seiten, 56 Abb., 3 Tabellen, DM 19,30

HEFT 112
Prof. Dr.-Ing. H. Opitz, Aachen
Verschleißmessungen beim Drehen mit aktivierten Hartmetallwerkzeugen
1954, 44 Seiten, 17 Abb., 6 Tabellen, DM 8,80

HEFT 135
Prof. Dr.-Ing. K. Krekeler und Dr.-Ing. H. Peukert, Aachen
Die Änderung der mechanischen Eigenschaften thermoplastischer Kunststoffe durch Warmrecken
1955, 54 Seiten, 27 Abb., DM 11,10

HEFT 207
Prof. Dr.-Ing. H. Opitz, Dipl.-Ing. K. H. Fröhlich und Dipl.-Ing. H. Siebel, Aachen
Richtwerte für das Fräsen von unlegierten und legierten Baustählen mit Hartmetall. I. Teil
1956, 48 Seiten, 27 Abb., 3 Tabellen, DM 11,10

HEFT 215
Prof. Dr.-Ing. H. Opitz und Dr.-Ing. G. Weber, Aachen
Einfluß der Warmebehandlung von Baustählen auf Spanentstehung, Schnittkraft- und Standzeitverhalten
1956, 70 Seiten, 30 Abb., 11 Tabellen, DM 18,40

HEFT 232
Prof. Dr.-Ing. O. Kienzle, Hannover und Dr.-Ing. H. Münnich, Schweinfurt
Feststellung der Spannungen und Dehnungen und Bruchdrehzahlen der unter Fliehkraft und Bearbeitungskraft beanspruchten Schleifkörper
1957, 130 Seiten, 67 Abb., 12 Tabellen, DM 31,35

HEFT 245
Prof. Dr.-Ing. habil. K. Krekeler, Aachen
Das Verbinden von Metallen durch Kunstharzkleber. Teil I: Eigenschaften und Verwendung der Metallklebstoffe
1956, 48 Seiten, 8 Abb., DM 10,25

HEFT 246
Prof. Dr.-Ing. habil. K. Krekeler, Aachen
Das Verbinden von Metallen durch Kunstharzkleber. Teil II: Untersuchungen an geklebten Leichtmetall-Verbindungen
1956, 80 Seiten, 40 Abb., 17,50

HEFT 262
Dr.-Ing. W. Batel, Aachen
Untersuchungen zur Absiebung feuchter, feinkörniger Haufwerke und Schwingsieben
1956, 90 Seiten, 45 Abb., 22 Diagramme, 5 Tabellen DM 23,40

HEFT 271
Prof. Dr.-Ing. H. Opitz und Dipl.-Ing. H. Axer, Aachen
Beeinflussung des Verschleißverhaltens bei spanenden Werkzeugen durch flüssige und gasförmige Kühlmittel und elektrische Maßnahmen
1956, 46 Seiten, 28 Abb., DM 10,70

HEFT 284
Prof. Dr. F. Wever, Düsseldorf, Dr.-Ing. H. J. Wiester, Essen, Dr.-Ing. F. W. Straßburg, Duisburg, Prof. Dr.-Ing. H. Opitz, Aachen und Dr.-Ing. K. H. Fröhlich, Köln
Einfluß des Gefüges auf die Zerspanbarkeit von Einsatz- und Vergütungsstählen
1957, 88 Seiten, 126 Abb., 11 Tabellen, DM 22,45

HEFT 287
Prof. Dr.-Ing. habil. K. Krekeler, Aachen
Änderungen der mechanischen Eigenschaftswerte thermoplastischer Kunststoffe bei Beanspruchung in verschiedenen Medien
1956, 62 Seiten, 23 Abb., 5 Tabellen, DM 13,70

HEFT 288
Dr. K. Brücker-Steinkuhl, Düsseldorf
Anwendung mathematisch-statischer Verfahren in der Industrie
1956, 103 Seiten, 27 Abb., 14 Tabellen, DM 24,20

HEFT 295
Prof. Dr.-Ing. H. Opitz und Dipl.-Ing. H. Axer, Aachen
Untersuchung und Weiterentwicklung neuartiger elektrischer Bearbeitungsverfahren
1956, 42 Seiten, 27 Abb., DM 10,30

HEFT 296
Prof. Dr.-Ing. H. Opitz, Aachen
I. Untersuchungen an elektronischen Regelantrieben
II. Statische Untersuchungen zur Ausnutzung von Drehbanken
1956, 46 Seiten, 18 Abb., DM 10,40

HEFT 304
Prof. Dr.-Ing. K. Krekeler, Düsseldorf und Dipl.-Ing. A. Kleine-Albers, Aachen
Beitrag zur thermoelastischen Warmformbarkeit von Hart-PVC
1957, 72 Seiten, 29 Abb., DM 17,70

HEFT 320
Dr. H.-E. Caspary, Köln
Verwendung von Szintillationszählern an Stelle von Zählrohren zur zerstörungsfreien Materialprüfung
1956, 42 Seiten, 13 Abb., 2 Tabellen, DM 10,10

HEFT 324
Prof. Dr.-Ing. H. Opitz, Priv.-Doz. Dr.-Ing. E. Saljé und Dipl.-Ing. K. E. Schwartz, Aachen
Richtwerte für das Außenrund-Längs- und Einstechschleifen
1956, 62 Seiten, 44 Abb., 2 Tabellen, DM 13,85

HEFT 327
Prof. Dr.-Ing. habil. K. Krekeler und Dr.-Ing. H. Peukert, Aachen
Beitrag zur thermoelastischen Formbarkeit von Polyäthylen
1956, 56 Seiten, 49 Abb., 9 Tabellen, DM 12,80

HEFT 350
Prof. Dr.-Ing. habil. K. Krekeler und Dr.-Ing. H. Peukert, Aachen
Das Spannungsverhalten der Kunststoffe bei der Verarbeitung
1958, 24 Seiten, 12 Abb., DM 20,—

HEFT 351
Prof. Dr.-Ing. H. Opitz, Dipl.-Ing. H. Axer und Dipl.-Ing. H. Rhode, Aachen
Zerspanbarkeit hochwarmfester und nichtrostender Stähle. Teil I
1957, 96 Seiten, 73 Abb., 2 Tabellen, DM 21,80

HEFT 385
Prof. Dr.-Ing. H. Opitz, Dr. Ing. H. Axer und Dipl.-Ing. H. Rohde, Aachen
Zerspanbarkeit hochwarmfester und nichtrostender Stähle. Teil II
1957, 86 Seiten, 54 Abb., 5 Tabellen, DM 19,30

HEFT 386
Prof. Dr.-Ing. H. Opitz und Dipl.-Ing. O. Hake, Aachen
Standzeituntersuchungen und Verschleißmessungen mit radioaktiven Isotopen
1958, 36 Seiten, 33 Abb., 3 Tabellen, DM 12,75

HEFT 395
Dipl.-Ing. L. Hahn, Clausthal-Zellerfeld
Untersuchungen zur Frage des optimalen Bohrloch- und Patronendurchmessers
1957, 132 Seiten, 49 Abb., 19 Tabellen, DM 31,25

HEFT 405
Prof. Dr.-Ing. H. Opitz und Dipl.-Ing. H. Schuler, Aachen
Untersuchungen für einen Wirtschaftlichkeitsvergleich der Feinbearbeitungsverfahren
1958, 72 Seiten, 43 Abb., DM 17,90

HEFT 406
W. Kirsch, Chemieprodukte GmbH., Leverkusen-Rheindorf
Entwicklungsarbeiten auf dem Gebiete des Korrosionsschutzes und der Abdichtung
1957, 76 Seiten, 28 Abb., 11 Tabellen, DM 19,—

HEFT 408
Prof. Dr. phil. F. Wever, Dr.-Ing. W. Lueg und Dr.-Ing. H. G. Müller, Düsseldorf
Kraft- und Arbeitsbedarf beim Warmscheren von Stahl in Abhängigkeit von Temperatur und Schnittgeschwindigkeit
1957, 46 Seiten, 15 Abb., 3 Tabellen, DM 11,35

HEFT 413
Prof. Dr.-Ing. H. Opitz, Dipl.-Ing. H. Stebel und Dipl.-Ing. R. Flock, Aachen
Richtwerte für das Fräsen von unlegierten und legierten Baustählen mit Hartmetall, Teil II
1957, 56 Seiten, 35 Abb., 4 Tabellen, DM 14,40

HEFT 426
Prof. Dr.-Ing. H. Opitz und Dipl.-Ing. W. Scholz, Aachen
Untersuchungen über den Räumvorgang
1957, 74 Seiten, 36 Abb., 7 Tabellen, DM 16,55

HEFT 447
Prof. Dr.-Ing. F. Bollenrath, Aachen, Dr.-Ing. H. Fullenbach, Seesen/Harz und Dipl.-Ing. J. Schumacher, Neubeckum/Westf.
Entwicklung rationell arbeitender Spritzkabinen
1958, 44 Seiten, 26 Abb., DM 13,55

HEFT 465
Dr.-Ing. R. Koch, Köln
Amerikanische Fertigungsunterlagen und ihre Werkstattreifmachung für deutsche Betriebe
1958, 54 Seiten, 19 Abb., DM 17,35

HEFT 474
Dr.-Ing. R. Ibing und Dipl.-Ing. G. Meier, Hannover
Eichung und Entwicklung von Staubentnahmesonden
1958, 32 Seiten, 9 Abb., 2 Tabellen, DM 8,65

HEFT 511
H. Wahl, G. Kantenwein und W. Schäfer, Essen
Gesteinsbohr-Modellversuche zur Frage des Drehbohrens, Schlagbohrens und Drehschlagbohrens
in Vorbereitung

HEFT 520
Prof. Dr.-Ing. H. Opitz, Dipl.-Ing. H. Obrig und Dipl.-Ing. P. Kips, Aachen
Untersuchung neuartiger elektrischer Bearbeitungsverfahren
1958, 44 Seiten, 35 Abb., 2 Tabellen, DM 14,70

HEFT 521
Prof. Dr.-Ing. H. Opitz und Dipl.-Ing. K. E. Schwartz, Aachen
Das Abrichten von Schleifscheiben mit Diamanten
1958, 72 Seiten, 34 Abb., 3 Tabellen, DM 17,15

HEFT 570
Prof. Dr.-Ing. habil. K. Krekeler, Dr.-Ing. H. Peukert und Dipl.-Ing. O. Schwarz, Aachen
Kerbempfindlichkeit thermoplastischer Kunststoffe abhängig von der Kerbform und der Beanspruchungstemperatur
1958, 40 Seiten, 24 Abb., 12 Tabellen, DM 13,30

HEFT 603
Prof. Dr.-Ing. L. Engel und Dr.-Ing. J. Foerster, Clausthal-Zellerfeld
Gummielastische Stoffe als Dämpfungselemente an schlagenden Werkzeugen
in Vorbereitung

HEFT 605
Ing. L. Bommes, M.-Gladbach
Bestimmung von Leistung und Wirkungsgrad eines Ventilators
in Vorbereitung

HEFT 638
Prof. Dr.-Ing. H. Opitz, Dr.-Ing. H. Schüler und Dipl.-Ing. P. H. Brammertz, Düsseldorf
Die Werkstückgüte beim Feindrehen und Feinschleifen und ihr Einfluß auf die Fertigungskosten

HEFT 664
Dr. phil. habil. P. Hölemann, Düsseldorf-Reisholz
Die Bestimmung der Gasausbeute von Karbid
in Vorbereitung

HEFT 666
Prof. Dr.-Ing. K. Krekeler, Dr.-Ing. H. Peukert, Dipl.-Ing. B. Frerichmann, Aachen
Die Infraroterwärmung an thermoplastischen Kunststoffen
in Vorbereitung

Wir liefern Ihnen gern auf Anfrage die Verzeichnisse anderer Sachgebiete.

If you have any concerns about our products,
you can contact us on
ProductSafety@springernature.com

In case Publisher is established outside the EU,
the EU authorized representative is:
**Springer Nature Customer Service Center GmbH
Europaplatz 3, 69115 Heidelberg, Germany**

Printed by Libri Plureos GmbH
in Hamburg, Germany